U0236833

名师讲堂码书码课系列

物理趣味创意实验

100个

——让孩子们一起玩中学

（上册）

陈耿炎 张惠瑶 著

清華大学出版社

北京

内 容 简 介

本书利用微课程"短小精悍"、传播形式多样、可操作性与实践性强的特点与优势，改变以往纯文字或图文信息的形式，运用录像微课程技术，将适合青少年儿童身心发展的趣味实验内容进行可视化开发，编写成了一本有文字、有图片、有二维码视频的实用性图书。书中包括 5 个分类，100 个实验，既能够提高学生的动手能力，更能激发学生探索科学世界的兴趣。如果你对本书中某一个实验很感兴趣，只要扫一扫二维码，就可以参照视频自己动手进行实验。

本书适合中小学教师和家长带领适龄青少年儿童阅读学习。

图书在版编目（CIP）数据

物理趣味创意实验 100 个：让孩子们一起玩中学 / 陈耿炎，张惠瑶著 . — 北京：清华大学出版社，2018（2022.3重印）
　（名师讲堂码书码课系列）
　ISBN 978-7-302-50822-9

　Ⅰ . ①物…　Ⅱ . ①陈… ②张…　Ⅲ . ①物理学 – 科学 – 实验 – 儿童读物　Ⅳ . 04-33

中国版本图书馆 CIP 数据核字（2018）第 178525 号

责任编辑： 田在儒
封面设计： 王跃宇
责任校对： 赵琳爽
责任印制： 丛怀宇

出版发行： 清华大学出版社
　　　　　网　　址：http://www.tup.com.cn, http://www.wqbook.com
　　　　　地　　址：北京清华大学学研大厦 A 座　　　邮　编：100084
　　　　　社 总 机：010-83470000　　　　　　　　　邮　购：010-62786544
　　　　　投稿与读者服务：010-62776969，c-service@tup.tsinghua.edu.cn
　　　　　质量反馈：010-62772015，zhiliang@tup.tsinghua.edu.cn
印 装 者： 小森印刷霸州有限公司
经　　销： 全国新华书店
开　　本： 110mm × 185mm　　　总印张：7.625　　　总字数：167 千字
版　　次： 2018 年 11 月第 1 版　　　印　　次：2022 年 3 月第 5 次印刷
定　　价： 38.00 元（全二册）

产品编号：078028-01

　　世界上一切美好的东西都有时间因素的存在！时间背后就是我们通常说的"功夫"。"即用即弃"的快餐文化永远无法成就经典！大到一块旷世宝玉，必是经历了漫长的自然沉积过程和长久的匠人雕琢，才最终温润成器、晶莹剔透；小到一粒米，只有经历了充足的阳光和时间，才能保证口感上乘、营养丰富。时间是匠人的心血，是大自然的鬼斧神工。

　　著书亦是如此！我们与李玉平、雷斌、付彦军老师联合推出的"名师讲堂码书码课系列"就是这样一套书。其中的每一本都凝结了作者在教育一线的长期探索和教学研究，都是时间的产物，也必然经得起时间的考验。我们认为，教师专业发展不仅需要教育专家的理念引领，更需要教师个体及团体的反思和分享，这套"码书码课"就是源自对若干学校众多优秀教师、一线名师的经验萃取、知识整合和凝练提升，从而把个体的教育经验上升为可传播、可模仿、可习得的教育方法、教育策略、教育智慧。这是一个宝库，也是巨大的财富，对于促进我国基础教育事业的发展、教师队伍的成长进步具有十分重要的意义。

　　这套丛书叫"码书码课"，必然就不是传统的书。因为书中不仅有文字和图片，还有很多链接了外部世界的二维码，所以称为"码书"；与二维码对应的是作者的视频微课程，因此又称"码课"。"码书码课"使得我们的丛书超越了传统意义上的印刷品，变成了"互联网+"的产物。透过书中的一个个二维码，读者可以浏览到我们精心制作的系列微课程。这些微课程凝聚了作者的经验和心血，因此书的价值也就进一步得以提升。读书不仅可以修身、明志，而且可以直接与作者对话，分享作者"做的经验"，二维码成为这套丛书连接读者和作者、读者与世界、理论与实践的工具，从而学习的体验可以更加信息化、立体化、多媒体化。

许晓艺

于华南师范大学

2017 年 1 月

物理实验往往能带给大家神奇的感受，让大家有尝试的冲动，获得发现的喜悦以及成功的激动。本书是一本趣味盎然的实验科学书，涵盖了声、光、热、电、磁、力、运动等方面的内容。在本书的指导下，同学们可以进行精彩有趣的科学活动，这种"玩中学"的锻炼不仅能提高同学们学习物理的兴趣，而且还有利于养成独立思考的习惯，提高同学们的动手操作能力，从而达到学以致用、启迪智慧的目的。

为了让同学们更加容易理解实验内容、方便实验操作，本书提供了实验步骤及其实验图，对实验的每一步都做出了形象生动的说明。同学们，你能轻松体会到动手动脑的乐趣；你不用担心缺少材料和工具，因为实验器材均来源于生活；你也不用害怕操作有难度，因为就算你的实验操作零基础，只要愿意伸出双手，就可以亲手揭开物理小实验的神秘面纱，探索科学世界的奥秘。

同学们，这些看起来简单易行、妙趣横生的小实验都蕴含着不简单的物理学原理和自然规律，本书的二维码视频里均有图文并茂的解释，只要动动手就能和科学世界亲密接触。

  总之，本书中的物理实验融知识、方法、思维于一体，具有科学性、趣味性、可操作性、可读性和新颖性。请同学们在本书中尽情体验一场全方位的实验盛宴。

  由于作者水平有限，书中难免有疏漏之处，恳请读者批评指正。

作 者

2018 年 8 月

目录

上　册

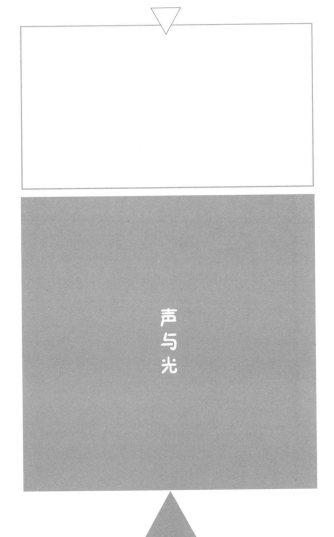

声与光

1 闻声起舞

你需要准备:小音箱 1 套、小镜面 1 块、激光笔 1 支、白板 1 块、手机 1 部、双面胶纸 1 卷、热熔胶枪 1 把、胶条若干、木板若干。

动一动手:

(1)利用胶枪将小音箱固定在木板上,并利用双面胶纸将小镜面贴在小音箱的振膜上(图 1-1)。

图 1-1

(2)利用木板制作如图 1-2 所示的支架,并将激光笔固定在支架上端,注意调节好激光笔的入射角度,使反射光落在白板上形成亮点(图 1-3)。

(3)将手机音乐打开,观察白板上的亮点,可以发现:亮点随音乐有节奏地跳动,就像在跳舞。

图　1-2

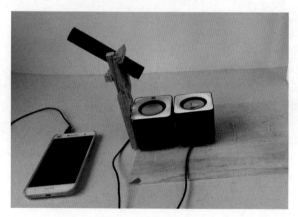

图　1-3

温馨提醒：谨防热熔胶枪烫伤手指。

原理解释：声源振动发声，声波会引起小音箱的振膜振动，从而带动小镜面振动，导致反射光的方向也随之发生变化，故白板上的亮点会随着音乐有节奏地跳动。

2 简易乐器

你需要准备：空玻璃瓶 7 个、筷子 1 根、水杯 1 个、水若干。

动一动手：

（1）分别向 7 个空玻璃瓶加水，注意瓶中水的高度由左向右逐渐降低（图 2-1）。

图 2-1

（2）用筷子敲击玻璃瓶，感受声音的变化，可以发现：从左往右分别对应简谱中"1、2、3、4、5、6、7"7 个音。

（3）用筷子按照"1 1 5 5 6 6 5，4 4 3 3 2 2 1，5 5 4 4 3 3 2，5 5 4 4 3 3 2"敲击玻璃瓶，便可听到歌曲《小星星》的旋律。

　　原理解释：用筷子敲击装有水的玻璃瓶时，声音是由玻璃瓶和水共同振动产生。从左向右，瓶内水的高度逐渐降低，振动的频率逐渐升高，音调也随之升高，对应着简谱中"1、2、3、4、5、6、7" 7个音。因此，只需对着《小星星》的简谱，用筷子敲击玻璃瓶，便可听到对应的旋律。

3 猫抓老鼠

你需要准备：卡纸 1 张、剪刀 1 把、吸管 1 根、彩色笔 1 盒、双面胶纸 1 卷、透明胶纸 1 卷。

动一动手：

（1）将卡纸剪成 2 张完全相同的长方形卡片。

（2）利用透明胶纸将吸管部分固定在其中一张长方形卡片上（图 3-1）。

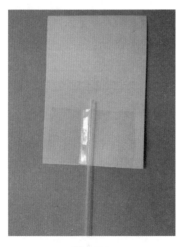

图 3-1

（3）用双面胶纸将 2 张长方形卡片固定，注意边缘对齐，且吸管夹在 2 张卡片内部。

（4）在卡片的一面中部画一只猫（图 3-2）；另一面左

底部画一只老鼠（图3-3）。

图　3-2

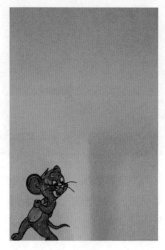

图　3-3

（5）缓慢旋转吸管，观察猫和老鼠的出现情况，可以发现：猫与老鼠交替出现。

（6）快速旋转吸管，再次观察猫与老鼠的出现情况，可以发现：猫与老鼠同时出现，就像猫在抓老鼠。

温馨提醒：谨防剪刀割伤手指。

原理解释：人的眼睛在观看某种物体时，当悄悄移开物体，人的眼睛会在很短的时间内（0.1秒左右）感觉到物体仍存在于视线里，这种现象叫视觉停留。实验中，当用手转动吸管时，纸片上的图片也会跟着转动。当手转动较慢时，2幅图片出现在人眼前的时间间隙长于视觉停留所需的时间，所以看到的是2幅分开的画面。当手转动较快时，2幅图片出现在眼前的时间间隙短于视觉停留所需的时间，使得上一幅图片还存在于人的视线中，下一幅图片又出现了，于是便可观察到"猫抓老鼠"的结合画面。

4　太阳的光斑

你需要准备：卡纸1张、刻度尺1把、笔1支、美工刀1把、手电筒1把。

动一动手：

（1）利用刻度尺和笔在卡纸上分别画出"三角形""圆形""正方形"和"平行四边形"，注意4个不同形状的图案要足够小。

（2）利用美工刀将4个图案裁剪，形成4个不同形状的小孔（图4-1）。

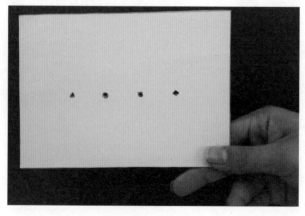

图　4-1

（3）把卡纸横向拿着，注意卡纸平行于桌面且距离桌面有一定距离。

（4）将手电筒竖直放在卡纸的正上方，注意调整手电筒到卡纸的距离。

（5）打开手电筒，观察桌面上光斑的形状，可以发现：所成的像分别是三角形、圆形、正方形和平行四边形（图4-2）。

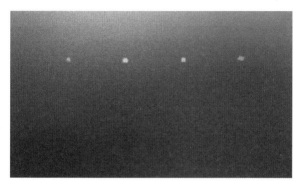

图 4-2

（6）将卡纸放在太阳底下，注意调整卡纸到地面的距离，观察地面上光斑的形状，可以发现：所成的像都是圆形（图4-3）。

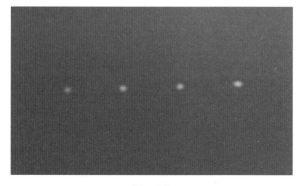

图 4-3

温馨提醒：谨防美工刀割伤手指。

原理解释：卡片上各个形状的孔与太阳相比较，都非常小，相当于是一个小孔，满足小孔成像的条件。由于光沿直线传播，所以在地面上呈现的光斑便是太阳光通过小孔后所形成的太阳倒立的实像即圆形，且像的形成与小孔的形状无关。而对于手电筒而言，卡片上各个形状的孔并不是小孔，不满足小孔成像的条件。由于孔相对较大，手电筒上发出的光线通过孔后，就会在桌面上形成大光斑，不能成像。因此，光源发出光通过大孔后，所形成的是和孔的形状一样的光斑，这就好比光穿过窗户后，得到光斑的形状是窗的形状。

5 哪个更亮

你需要准备：白纸 1 张、手电筒 1 把、镜子 1 面。

动一动手：

（1）在较暗环境或晚上进行实验。

（2）把镜子放在白纸上，并将手电筒放在镜子的正上方（图 5-1）。

图 5-1

（3）调节手电筒与镜子之间的距离，确保手电筒能够照到整个镜子及其周围的部分白纸。

（4）打开手电筒，从侧面观察镜子及其周围白纸的亮度情况，可以发现：镜子是黑的，白纸比镜子更亮。

（5）从镜子正上方再次观察镜子及其周围白纸的亮度情况，可以发现：有刺眼的光，且镜子比白纸更亮。

原理解释：镜子表面是光滑的，会发生镜面反射。而纸的表面是凹凸不平的，会发生漫反射。当用手电筒垂直照射镜面时，射向镜面的光将沿原路返回，射向白纸的光会反射到各个方向。因此，站在旁边观察时，镜子反射的光无法进入人的眼睛，而白纸反射的光会部分进入人的眼睛，故白纸比镜子更亮。后来，从镜子正上方观察时，镜子反射的光大部分进入人的眼睛，而白纸反射的光只有小部分进入人的眼睛，故镜子比白纸更亮。

6 吃硬币的箱子

你需要准备：卡纸 1 张、长方形镜子 1 面、剪刀 1 把、铅笔 1 支、双面胶纸 1 卷、硬币 2 枚。

动一动手：

（1）制作一个两面有开口的箱子：利用卡纸裁剪如图 6-1 所示的模型（箱子的长、宽、高与镜子大小相匹配），在卡纸的边缘粘上双面胶纸，在右侧边缘和上侧中间开一个比硬币略大的空隙。

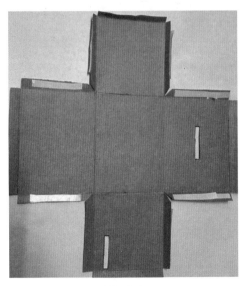

图 6-1

（2）将箱子底部上半部分用铅笔均匀涂黑。

（3）利用双面胶纸将箱子各部分粘好，注意开口向后。同时，将镜子卡在箱子内部，注意镜面朝外，且镜子要与箱子底部成45°角（图6-2）。箱子的剖面图如图6-3所示，A和B为开口小孔，黑色部分为铅笔涂黑部分。

图 6-2

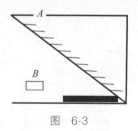

图 6-3

（4）从侧面开口投入一枚硬币，同时从正前方观察硬币的情况，可以发现：硬币出现。

（5）从上方开口投入一枚硬币，同时从正前方观察硬币的情况，可以发现：硬币消失，就像被箱子"吃"了。

温馨提醒：谨防剪刀割伤手指。

原理解释：由于镜子与箱子底部成45°，根据平面镜成像特点，箱子底部黑色部分会在平面镜中成像，且像与底部垂直。所以，从正前方观看时，我们会误以为箱子内部是空的。实验中，当从侧面投入硬币时，它前方没有障碍物，故我们可看到硬币。而当从上方投入硬币时，它被镜子挡住，故我们无法看到硬币。

7 搞笑小黄人

你需要准备：硬的透明塑料卡片1张、剪刀1把、手机1部、刻度尺1把、笔1支、透明胶纸1卷。

动一动手：

（1）利用刻度尺和笔在透明塑料卡片上画出4个完全相同的等腰梯形：上底为1厘米，下底为6厘米，高为3.5厘米。

（2）用剪刀沿画好的线裁剪出4个等腰梯形（图7-1）。

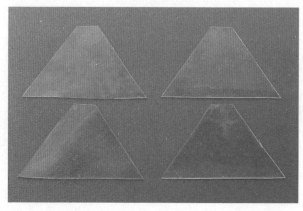

图 7-1

（3）把4个等腰梯形用透明胶纸粘合，拼成没有上底面和下底面的四棱台（图7-2）。

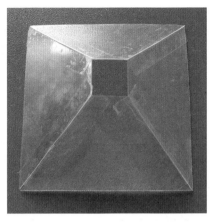

图　7-2

（4）用手机下载本实验所用的全息投影片源。

（5）播放手机片源，将四棱台倒立放在手机屏幕中部，观察四棱台内部出现的情况，可以发现：在四棱台的内部出现了 3D 电影。

温馨提醒：谨防剪刀割伤手指。

原理解释：根据平面镜成像特点，物体在镜子中会呈现它的像，且像和物体是关于镜面对称的。手机视频中显示了 4 个不同侧面的小黄人，这 4 个小黄人通过上方 4 个侧面塑料片分别成像。由于塑料卡片与手机屏幕成 45° 角，屏幕上的小黄人通过塑料卡片后，会在塑料卡片中央形成小黄人的像。4 个不同侧面的像结合在一起，便具有很强的立体感，也就能呈现 3D 电影效果。

8 空碗变硬币

你需要准备：碗1个、硬币1枚、水杯1个、水若干。

动一动手：

（1）在碗中放一枚硬币，调整一定角度，使观察者无法看到碗中的硬币（图8-1），给观察者造成碗中无硬币的假象。

图 8-1

（2）向碗中缓慢加水，保持观察角度不变，观察硬币的情况，可以发现：碗中慢慢出现了一枚硬币（图8-2）。

图 8-2

原理解释：碗里不加水，从侧面看不到碗中的硬币是由于光沿直线传播，硬币反射的光线被碗的边沿挡住而无法进入观察者的眼睛。碗里加水之后，硬币反射的光线由水中进入空气时，会在水面上发生折射，且折射角大于入射角，折射光线能够进入观察者的眼睛，所以从侧面可看到"硬币"。实际上，观察者看到的硬币是光的折射所形成的虚像，其位置比实际位置要高。

9 变短的腿

你需要准备：完全相同的"姚明"图2张、水盆1个、透明胶纸1卷、剪刀1把、水若干。

动一动手：

（1）取一张"姚明"图，将其表面用透明胶纸粘好（若能直接把图过胶，则效果更佳），注意不要留空隙，以防止放入水中弄湿（图9-1）。

图 9-1

（2）将粘好的"姚明"图放入水中，另一张图放在水盆旁边作对比，观察水中"姚明"图腿的变化情况，可以发现：水中的"姚明"图腿变短了（图9-2）。

图 9-2

温馨提醒：谨防剪刀割伤手指。

原理解释：没有放入水中的"姚明"图的腿反射的光线沿直线传播直接进入人的眼睛，而放入水中的"姚明"图的腿反射的光线由水中进入空气时会在水面上发生折射，且折射角大于入射角，折射光线进入观察者的眼睛。实际上，由于人们习惯性地认为光是沿直线传播的，所以观察水中的"姚明"图的腿看到的只是腿的虚像。因此，腿的像看起来比实际位置要高，腿自然就变短了。

10 筷子折断

你需要准备：筷子1根、玻璃杯1个、水若干。

动一动手：

（1）将筷子放在玻璃杯中。

（2）往玻璃杯中加水，观察水中筷子的变化情况，可以发现：筷子向上折断（图10-1）。

图 10-1

原理解释：放在水中的筷子反射的光线由水中进入空气时在水面上发生折射，且折射角大于入射角，折射光线进入观察者的眼睛。而实际上，人们习惯性地认为光是沿直线传播的，所以看到的只是筷子的虚像。因此，筷子的像看起来比实际位置要高，筷子好像向上折断。

11 人造彩虹

你需要准备：镜子1面、水盆1个、白色卡板1个、水若干。

动一动手：

（1）将镜子斜放入装有水的水盆中，注意镜子要面向太阳。

（2）调整镜子的角度（图11-1），使得镜子反射的光出现在前方的白色卡板上，观察白色卡板上光的情况，可以发现：在卡板上出现了彩虹（图11-2）。

图 11-1

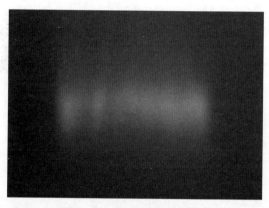

图 11-2

原理解释：太阳光是白光，它由红、橙、黄、绿、蓝、靛、紫七种不同颜色的光混合而成。太阳光照射入水面时会发生折射，组成白色光的各种色光在折射后所形成的角度各不相同，红光到紫光偏折程度依次增大。所以，白光经过水面后便形成一条彩色的光带。最后，光带经过镜子反射和水面再次折射照在白板上便形成了彩虹。

12 硬币的隐身术

你需要准备：硬币 2 枚、透明塑料杯 2 个、水杯 2 个、水若干。

动一动手：

（1）取一枚硬币平放在桌面上，并用塑料杯压住它。

（2）另取一个塑料杯平放在桌面上，并将另一枚硬币置于杯中。

（3）往两个塑料杯同时加水，从侧面观察两枚硬币的情况，可以发现：杯底硬币消失，杯中硬币依旧可看到（图 12-1）。

图　12-1

　　原理解释：人能看到不发光的物体的前提条件是物体反射的光线能够进入眼睛。杯底硬币经过空气、杯壁和水等不同介质时，发生了多次折射，最终在杯的侧壁发生了全反射，导致光线无法进入观察者的眼睛，故硬币"消失"。而杯中硬币的反射光线发生多次折射后，其折射光线仍能到达观察者的眼睛，故仍看得见硬币。

13 黑猫变白猫

你需要准备：透明塑料袋 1 个、卡纸 1 张、刻度尺 1 把、黑色笔 1 支、剪刀 1 把、长方体水盆 1 个、水若干。

动一动手：

（1）在卡纸上画一只黑猫，并在塑料袋表面画一只完全相同的白猫（图 13-1）。

图　13-1

（2）将黑猫放入塑料袋内，注意让两只猫完全重合（图 13-2）。

图　13-2

（3）将塑料袋贴紧水盆边缘，慢慢放入水中，观察猫的变化情况，可以发现：黑猫慢慢变成了白猫（图13-3）。

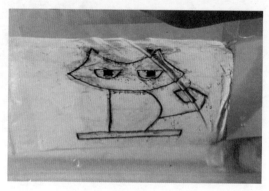

图　13-3

温馨提醒：谨防剪刀割伤手指。

原理解释：人能看到不发光的物体的前提条件是物体反射的光线能够进入眼睛。实验中，白猫和黑猫（黑猫并不是完全黑色的，故仍能反射光线）反射的光线传播情况不同。对于白猫来说，它反射的光线在水面发生折射后进入观察者的眼睛。对于黑猫来说，它反射的光线经过空气和袋壁等不同介质时发生多次折射，最终在水面上发生了全反射，导致光线不能进入观察者的眼睛，故黑猫"消失"。因此，在视觉上出现了"黑猫变白猫"的情景。

14 水滴显微镜

你需要准备：玻璃杯1个、LED灯1个、带有图画的卡片1张、卡纸1张、锡纸1张、刻度尺1把、剪刀1把、双面胶纸1卷、铁丝若干、水若干。

动一动手：

（1）在卡纸的中间剪出一个直径约1厘米的小洞。

（2）剪一小块锡纸，在锡纸的中间戳一个直径约0.4厘米的小孔。

（3）制作显微镜装置：用双面胶纸把锡纸粘在卡纸上，卡纸和锡纸的形状无特殊要求，关键是锡纸的小孔对准卡纸的小洞中间（图14-1）。

图 14-1

（4）利用铁丝做一个支架，大小依据玻璃杯和 LED 灯的高度、大小而定（图 14-2）。

图　14-2

（5）将要观察的卡片放在支架上（图 14-3）。

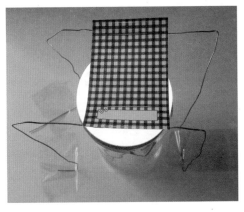

图　14-3

（6）将步骤（3）制作的显微镜放在卡片上方（图14-4），用手指在小孔周围涂水，并使水滴尽可能形成圆球状。

图 14-4

（7）不断调节水滴显微镜到卡纸的距离，注意观察卡片上图案的变化情况，可以发现：卡片上出现了条纹。

温馨提醒：谨防剪刀割伤手指。

原理解释：滴在锡纸的小孔上的水滴相当于一个很小的凸透镜。此时，利用光的折射，凸透镜可以在一定的条件下起到放大镜的作用。实验中的水滴显微镜并不是真正的显微镜，只是水滴的形状接近球形，可将物体放大，能看见更小的物体。因此，我们可以观察到原本肉眼看不见的条纹。

15 左右颠倒

你需要准备：卡纸 1 张、彩色笔 1 盒、纸板 1 块、玻璃杯 1 个、双面胶纸 1 卷、剪刀 1 把、刻度尺 1 把、水若干。

动一动手：

（1）在卡纸上用彩色笔分别画"小鸡"图和"水壶"图，并利用剪刀裁剪（图 15-1）。

图　15-1

（2）将裁剪好的图案用双面胶纸固定在纸板上，并将纸板竖直放置。

（3）分别将玻璃杯放在两个图案的前方，并往杯中加水，观察图案变化的情况，可以发现："水壶"和"小鸡"左右颠倒了（图15-2和图15-3）。

图　15-2

图　15-3

温馨提醒：谨防剪刀割伤手指。

原理解释：观察加水的玻璃杯，可以发现：它的纵切面为矩形，横切面则中间厚、两边薄，可起到凸透镜的作用。所以，图片在横向会颠倒，纵向不会颠倒。而凸透镜成像有以下规律：当物体在凸透镜焦距以内时，会产生正立、放大的虚像；当物体在焦距的 1~2 倍时，会产生倒立、放大的实像；当物体在 2 倍焦距以上时，会产生倒立、缩小的实像。因此，只需要将图画放在加水玻璃杯的焦距之外，便可以形成左右颠倒的实像。

16 走丢的马

你需要准备：卡纸1张、笔1支、刻度尺1把、美工刀1把、玻璃杯1个、水若干。

动一动手：

（1）在卡纸上写一个"马"字，并借助美工刀裁剪，注意确保"马"字在卡纸中央位置。

（2）把玻璃杯加满水。

（3）把卡纸放在玻璃杯旁边（图16-1），慢慢将卡纸移到玻璃杯后面，同时在玻璃杯的正前方观察"马"字的变化情况，可以发现："马"字会变大（图16-2）。

图 16-1

图　16-2

（4）再次把卡纸放在玻璃杯旁边（图16-1），慢慢将卡纸移到玻璃杯后面，同时在玻璃杯的斜上方观察"马"字的变化情况，可以发现："马"字不见了（图16-3）。

图　16-3

温馨提醒：谨防美工刀割伤手指。

原理解释：从正面观察时，装满水的玻璃杯相当于一个凸透镜。由于写有"马"字的卡纸紧贴着玻璃杯，其位置处在凸透镜焦距以内，根据凸透镜成像规律的特点：物体在焦距之内时，会形成正立、放大的虚像。因此，从正面观察时，我们可看到正立且水平方向放大的"马"字。而在斜上方观察时，"马"字反射的光线经过杯壁和水之后，会在水面发生全反射。因此，看不到"马"字。

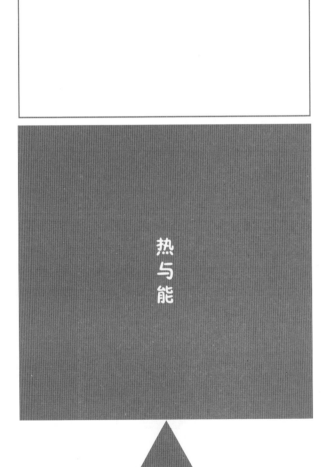

热
与
能

17 简易温度计

你需要准备：玻璃饮料瓶 1 个、吸管 1 根、刻度尺 1 把、卡纸 1 张、笔 1 支、泡沫板 1 块、热熔胶枪 1 把、细铁丝 1 根(直径比吸管口径小)、双面胶纸 1 卷、剪刀 1 把、碗 2 个、温水若干、冰水若干、热水若干。

动一动手：

（1）用泡沫板裁剪一个盖子，口径略大于玻璃瓶口，并在泡沫盖的中央开一个与吸管直径相当的小孔。

（2）将吸管插入泡沫盖的小孔，插入深度约 1.5 厘米，并用热熔胶枪密封固定好。

（3）将卡纸裁剪成大小适中的长方形作为刻度板，借助刻度尺和笔标出刻度，并利用双面胶纸将吸管固定在刻度板中央（图 17-1）。

图 17-1

（4）将玻璃饮料瓶加满温水，盖上泡沫盖，并利用胶枪密封固定（图17-1）。

（5）利用细铁丝引流，向吸管中加入适量的水，使吸管最高点对准零刻度线处（图17-1），完成简易温度计的制作。

（6）将简易温度计放在装有热水的碗内，稍等片刻，观察液柱的变化情况，可以发现：液柱逐渐上升。

（7）将简易温度计放在装有冷水的碗内，稍等片刻，再次观察液柱的变化情况，可以发现：液柱逐渐下降。

温馨提醒：谨防热熔胶枪和热水烫伤手指。

原理解释：简易温度计内的水的温度高于4℃。当水的温度高于4℃时，水才具有"热胀冷缩"的性质。因此，将简易温度计放入热水中，温度计内的水受热膨胀，体积变大，所以液柱会上升；将简易温度计放入冷水中，温度计内的水受冷收缩，体积变小，所以液柱会下降。

18 跳舞的瓶盖

你需要准备：水盆 1 个、矿泉水瓶瓶盖 1 个、玻璃瓶 1 个（口径比瓶盖略小）、水壶 1 个、热水若干。

动一动手：

（1）把玻璃瓶放在水盆中央，并将玻璃瓶瓶口用水润湿。

（2）将瓶盖对准玻璃瓶瓶口倒置平放。

（3）往水盆加入热水（图 18-1），稍等片刻，观察玻璃瓶瓶口和瓶盖发生的现象，可以发现：瓶盖一开一合，发出微微声响。

图 18-1

温馨提醒：谨防热水烫伤手指。

原理解释：玻璃瓶瓶口用水润湿后，瓶口与倒置的瓶盖之间没有空隙。往盆中倒入热水，热水的内能传递给玻璃瓶内的空气，即空气吸收热量。空气受热膨胀并将玻璃瓶瓶口上的瓶盖推开。而推开瓶盖后，一部分热空气会溢出，使得瓶盖又掉回瓶口。因此，瓶盖会一开一合，就像在跳舞。

19 烧不破的气球

你需要准备：气球 1 个、蜡烛 1 根、打火机 1 个、水若干。

动一动手：

（1）往气球内灌入适量的水，再将气球吹起，并在气球口打好结。

（2）用打火机点燃蜡烛。

（3）将气球放到蜡烛火焰的正上方，调整好气球的高度，让火焰灼烧气球里有水的位置（图 19-1）。

图 19-1

（4）稍等片刻，观察气球的情况，可以发现：本来怕火的气球烧不破。

温馨提醒：注意用火安全。

原理解释：将装水的气球放在火焰上方时，火焰的内能迅速传递给气球，而气球又立即将内能传递给水，即水吸收热量。因此，气球一直无法迅速升高温度，也就无法达到燃点，自然就烧不破。

20 棉线吊起冰

你需要准备：盘子 1 个、针 1 根、棉线 1 条、勺子 1 把、冰 1 块、食盐若干。

动一动手：

（1）从冰箱取出一块冰放在盘子里。

（2）将棉线搭在冰块中央，轻轻按压，让棉线与冰块贴合紧密。

（3）利用针沿着棉线周围均匀撒上少量食盐（图 20-1）。

图 20-1

（4）静置3分钟后，轻轻提起棉线，观察棉线与冰块的情况，可以发现：棉线可将冰块提起。

温馨提示：谨防针刺伤手指。

原理解释：在标准大气压下，冰块的熔点是0℃。将盐撒在冰块表面，盐会渗入冰块中，形成冰和盐水的混合物。由于饱和盐水的熔点是－21℃，而室温高于0℃，所以冰和盐水混合物会先熔化，使得棉线进入其中。随着冰和盐水混合部分在冰块上不断熔化，盐分逐渐被稀释，冰和盐水混合物的熔点会逐渐升高。加上冰和盐水混合物熔化吸热，降低了周围的温度，使得棉线周围的冰和盐水混合物结冰，棉线就会被冻在冰块里。因此，利用棉线和盐可将冰块吊起。

水火相容

你需要准备：玻璃杯 1 个、铷磁铁 1 个、工字钉 1 个、蜡烛 1 根、点火器 1 把、水若干。

动一动手：

（1）将工字钉顶帽固定在磁铁上，并把蜡烛底部插在工字钉上（图 21-1）。

图　21-1

（2）把蜡烛放在装有水的玻璃杯中，并用点火器将其点燃（图 21-2），注意水面略低于蜡烛的最高点。

图 21-2

（3）让蜡烛持续燃烧，观察蜡烛芯的位置，一段时间后，可以发现：蜡烛芯的位置越来越低，并且能在低于水面的位置持续燃烧。

温馨提醒：谨防工字钉扎伤手指，注意用火安全。

原理解释：在物理学上，物质由固态变成液态的过程称为熔化，从液态变成固态的过程称为凝固。蜡烛是由石蜡和棉线烛芯构成。点燃棉线烛芯后，火焰释放出的热量使棉线烛芯附近的石蜡熔化，熔化后的石蜡遇到杯中的冷水会立即冷却并凝固。凝固后的石蜡就像一层保护膜，把棉线烛芯和水分隔开，而中间未与水直接接触的石蜡油则继续供棉线烛芯燃烧。因此，随着石蜡不断燃烧就出现了"火在水下燃烧"的现象。

22 人造霜

你需要准备：易拉罐 1 个、筷子 1 根、勺子 1 把、食盐若干、冰块若干。

动一动手：

（1）往易拉罐内放入适量的冰块和食盐。

（2）拿起易拉罐，用筷子搅拌冰块和食盐，时间约 2 分钟。

（3）观察易拉罐底部的情况，可以发现：出现了白霜（图 22-1）。

图 22-1

原理解释：往冰块中撒入盐并充分搅拌，会降低冰的凝固点，使得冰与盐水混合物的温度低于 0℃（在标准大气压下），这给霜的形成提供了环境温度。当空气中的水蒸气遇到冷的易拉罐外壁会发生凝华，这样便形成了白霜。

23 隔空点蜡烛

你需要准备：蜡烛1根、点火器1把、卡纸1张、玻璃杯1个。

动一动手：

（1）用点火器将蜡烛点着。

（2）滴一部分蜡油在卡纸上，并将蜡烛及时固定好。

（3）用倒扣的玻璃杯将蜡烛熄灭，玻璃杯底部稍微碰到棉线烛芯即可（图23-1）。

图　23-1

（4）迅速取走玻璃杯，同时用点火器的明火靠近白烟，观察蜡烛的燃烧情况，可以发现：蜡烛被点燃。

温馨提醒：注意用火安全。

原理解释：在物理学上，物质由液态变为气态的过程称为汽化，蜡烛由石蜡和棉线烛芯构成。点燃棉线烛芯后，火焰放出的热量使石蜡熔化，并迅速汽化，生成石蜡蒸汽。而在熄灭蜡烛的瞬间，石蜡蒸汽遇冷，最后凝华成石蜡小颗粒，即我们所看到的白烟。由于石蜡小颗粒是可燃的，因此，用点火器去点白烟可使蜡烛复燃。

24 干电池取火

你需要准备：口香糖锡纸 1 张、剪刀 1 把、电池 1 节。

动一动手：

（1）用剪刀在口香糖锡纸上裁剪出宽度约为 5 毫米的长条。

（2）将裁剪好的锡纸长条对折，沿其中间部分剪出一个三角形（图 24-1），使其成为中间狭窄的长条。

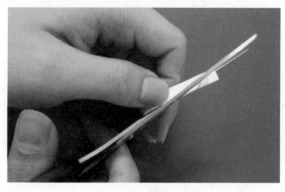

图 24-1

（3）将锡纸长条的带锡箔面的两端分别接在电池的正极和负极，并感受温度的变化以及观察锡纸长条的情况，可以发现：锡纸长条发热，且锡纸长条中间狭窄部分开始冒烟并燃烧。

温馨提醒：谨防剪刀割伤手指和明火烫伤、烧伤。

原理解释：口香糖锡纸的两面分别是可以导电的锡箔

和容易燃烧的纸。剪好的锡纸长条相当于一根导线，将其锡箔面的两端分别接在电池的正、负极时，电池会发生短路。由于锡箔的电阻很小，所以电路中的电流会很大。锡纸长条中间部分的横截面积小，在相同长度下，窄处的电阻比宽处的电阻大。根据焦耳定律，在电流相同和时间相同的情况下，电阻越大的地方产生的热量越多。因此，锡纸长条中间部分产生的热量多，温度上升快，使得纸达到着火点而燃烧。

电
与
磁

25 吸管魔杖

你需要准备：硬币1枚、牙签1根、剪刀1把、一次性塑料杯1个、吸管1根、毛衣1件。

动一动手：

（1）将硬币竖直立在水平桌面上。

（2）把牙签两端剪掉，并确保其长度小于塑料杯杯底的直径。

（3）将牙签轻轻地平放在硬币上，并确保两端平衡（图25-1）。

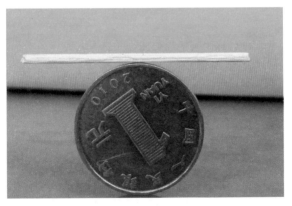

图 25-1

（4）用塑料杯扣住硬币和牙签（图25-2），且硬币的位置应在杯子中央。

图　25-2

（5）用毛衣反复摩擦吸管，直到能感觉到吸管发热。

（6）用吸管靠近牙签，注意不要触碰到塑料杯，围绕着塑料杯缓慢移动吸管，观察牙签的运动情况，可以发现：牙签跟着吸管走。

温馨提醒：谨防剪刀割伤手指。

原理解释：在物理学上，用摩擦的方法使物体带电的现象叫作摩擦起电，摩擦过的物体具有吸引轻小物体的性质。吸管和毛衣摩擦后产生了静电，将吸管靠近牙签时，静电可带动牙签，故牙签可以被控制而跟着"走"。

26 指挥棒

你需要准备：铝箔纸 1 张、剪刀 1 把、笔 1 支、吸管 1 根、毛衣 1 件。

动一动手：

（1）用笔在铝箔纸上画几个小纸人，并用剪刀裁剪（图 26-1）。

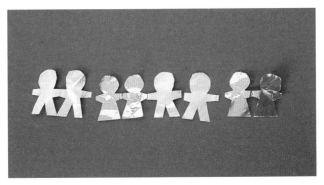

图 26-1

（2）用毛衣反复摩擦吸管，直到能感觉到吸管发热。

（3）将吸管靠近铝箔小纸人，观察小纸人的情况，可以发现：小纸人被吸管吸引（图 26-2）。

图 26-2

温馨提醒：谨防剪刀割伤手指。

原理解释：在物理学上，用摩擦的方法使物体带电的现象叫作摩擦起电，摩擦过的物体具有吸引轻小物体的性质。吸管和毛衣摩擦后产生了静电。由于铝箔纸剪成的小纸人很轻，故当吸管靠近小纸人时，小纸人会被吸管吸引。

27 神奇的盐

你需要准备：电池盒 3 个、电池 3 节（与电池盒相匹配）、导线 3 根、灯泡 1 个、灯座 1 个、塑料杯 1 个、透明胶纸 1 卷、食盐 1 包、自来水若干。

动一动手：

（1）将两根导线的一端分别用胶纸固定在塑料杯的底部（图 27-1）。

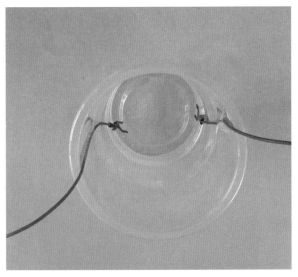

图　27-1

（2）按照如图 27-2 所示将电路连接好。

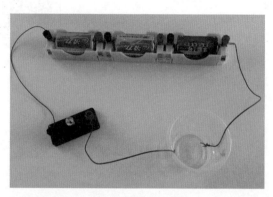

图　27-2

（3）往塑料杯中加入自来水，观察灯泡的发光情况，可以发现：灯泡不亮。

（4）往塑料杯中加入适量食盐，稍等片刻，再次观察灯泡的发光情况，可以发现：灯泡逐渐变亮（图27-3）。

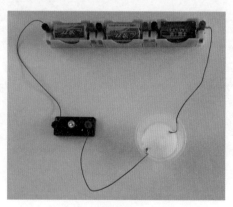

图　27-3

原理解释：自来水与盐水溶液都是导体。实验中，刚开始加入自来水，灯泡不亮是因为自来水的导电能力较弱。加入食盐后，盐水溶液中存在能自由移动的离子，盐水溶液的导电能力较强，所以灯泡便发光了。

28 汤匙吸针

你需要准备：金属汤匙 1 把、铷磁铁 1 个、回形针 1 个。

动一动手：

（1）用汤匙去靠近回形针，观察回形针的情况，可以发现：回形针不会被汤匙吸引。

（2）用磁铁在汤匙上摩擦（图 28-1）。

图 28-1

（3）用汤匙再次靠近回形针，观察回形针的情况，可以发现：回形针被汤匙吸起来（图 28-2）。

图　28-2

温馨提醒：谨防磁铁夹伤手指。

原理解释：原来不具有磁性的物质在磁体或电流的作用下显现磁性，这种现象称为磁化。磁性是指能吸引铁、钴、镍等物质的性质。实验中，刚开始的汤匙没有磁性，故不能吸引回形针。后来，将磁铁与汤匙摩擦，汤匙因被磁化而具有磁性，便能将回形针吸引。

29 简易司南

你需要准备：工字钉 2 个、钳子 1 把、铷磁铁 4 个。

动一动手：

（1）用钳子将工字钉的钉帽削平，确保钉帽端的铁金属可见。

（2）制作简易司南：将工字钉对称地吸附在磁铁两侧（图 29-1）。

图 29-1

（3）将简易司南放在光滑桌面上（桌面越光滑越好），用手轻轻旋转磁铁，观察简易司南静止时的指向。

（4）用力旋转磁铁，再次观察简易司南静止时的指向，可以发现：两次旋转力度不同，但简易司南静止时所指的方向大致相同。

温馨提醒：谨防钳子夹伤手指。

　　原理解释：两个工字钉放到磁铁的两极时，工字钉被磁铁磁化且吸引。此时，工字钉和磁铁相当于一个磁体。由于地球本身就是一个超级大磁体，在其周围空间存在磁场，即地磁场。而且地磁的北极在地理的南极附近，地磁的南极在地理的北极附近（磁偏角很小）。实验中的简易司南受到地磁场的作用，无论怎么转动，最后总是指向相同方向。

30 悬在空中的回形针

你需要准备：纸板 1 块、长木条 1 根、热熔胶枪 1 把、长条铁片 1 块、铷磁铁 2 个、棉线 1 条、回形针 1 个、透明胶纸 1 卷、剪刀 1 把。

动一动手：

（1）制作支架：利用胶枪将长木条竖直固定在纸板上。

（2）利用胶枪将长条铁片固定在支架的上端，并将磁铁吸附在铁片上（图 30-1）。

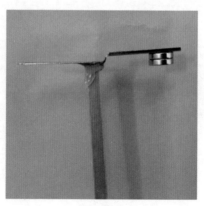

图 30-1

（3）将棉线的一端贴在纸板上，注意长木条下端到棉线的粘贴端的距离与长条铁片伸出长度相当（图 30-2）。

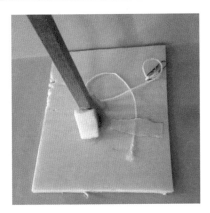

图 30-2

（4）将棉线竖直向上拉直，用剪刀裁剪，使其长度略小于长木条的高度，在棉线另一端系上回形针。

（5）将回形针竖直放在磁铁下方，松开手，观察回形针的情况，可以发现：回形针悬在空中（图 30-3）。

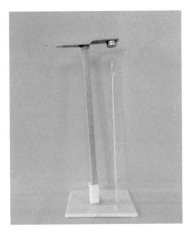

图 30-3

　　温馨提醒：谨防热熔胶枪烫伤手指和剪刀割伤手指。

　　原理解释：磁铁具有磁性，磁性是指能吸引铁、钴、镍等物质的性质。当回形针靠近磁铁时，磁铁会对回形针产生吸引力的作用。由于回形针与磁铁之间的引力要大于回形针自身的重力。因此，回形针在引力、自身重力以及棉线对它拉力的作用下，能够稳稳地悬浮在磁铁下方。

31 相互抵触的长大头针

你需要准备：铷磁铁 1 个、长大头针 2 枚。

动一动手：

（1）将两枚长大头针的针帽靠近磁铁，观察大头针的情况，可以发现：磁铁吸引长大头针，且两枚针的针尖相互排斥（图 31-1）。

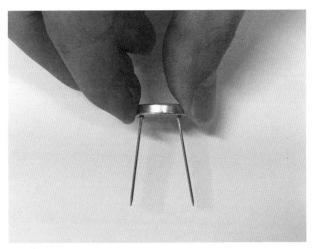

图　31-1

（2）用手指捏两枚大头针的针尖，使它们相互靠近，然后松手，再次观察大头针的情况，可以发现：两枚大头针的针尖依然相互排斥。

温馨提醒：谨防大头针刺伤手指。

原理解释：原来不具有磁性的物质在磁体或电流的作用下显现磁性，这种现象称为磁化。磁性是指能吸引铁、钴、镍等物质的性质。两枚大头针的针帽靠近磁铁时，因被磁化而吸在磁铁上，此时的针尖为同名磁极。因为同名磁极相互排斥，故两枚大头针的针尖互相排斥。

32 规整的磁铁群

你需要准备：圆形水盆1个、钕磁铁5个、矿泉水瓶瓶盖5个、热熔胶枪1把、胶条若干、水若干。

动一动手：

（1）取5个矿泉水瓶瓶盖，在每个瓶盖底部中央位置涂上少量热熔胶，并将一块磁铁粘贴到瓶盖底部中央位置，注意磁铁的N极朝上、S极朝下（图32-1）。

图　32-1

（2）将圆形水盆平放在桌面上，并往水盆里加入大约一半容量的水。

（3）把3个瓶盖轻轻放在水面中心位置，稍等片刻，观察3个瓶盖在盆中所处的位置，可以发现：3个瓶盖呈正三角形（图32-2）。

图 32-2

（4）将3个瓶盖从水面上取出。

（5）把5个瓶盖轻轻放在水面中心位置，稍等片刻，观察5个瓶盖在盆中所处的位置和呈现的整体情况，可以发现：5个瓶盖呈正五边形（图32-3）。

图 32-3

温馨提醒：谨防热熔胶枪烫伤手指，注意用电安全。

原理解释：实验中所用的磁铁均是按照"N 极朝上，S 极朝下"摆放。根据"同名磁极相互排斥，异名磁极相互吸引"的原理，这些磁铁均相互排斥，即最大限度的远离彼此。再加上所用磁铁型号相同，磁力大小相当，所以在水盆呈圆形的条件下，处于正多边形，如正三角形、正五边形时，磁铁们彼此间能够受力平衡。

33 简易验电器

你需要准备：铝箔纸 1 张、剪刀 1 把、铜丝 1 根、一次性塑料杯 1 个、笔杆 1 支、毛衣 1 件。

动一动手：

（1）在铝箔纸上剪下两张 1 厘米 ×5 厘米的铝箔纸片（图 33-1）。

图　33-1

（2）将铜丝绕一个钩，并将两片铝箔纸片挂在钩上（图 33-2）。

图　33-2

（3）在塑料杯中央戳一个洞，倒置过来，将铜丝穿过该洞，并在洞口绕一圈，确保铜丝稳定牢固（图33-3）。

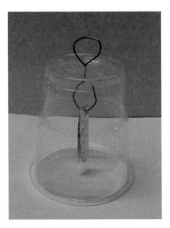

图　33-3

（4）用毛衣摩擦笔杆，直到能感觉到笔杆发热。

（5）快速将笔杆靠近铜丝上方，观察两片铝箔纸的变化情况，可以发现：两片铝箔纸张开。

温馨提醒：谨防剪刀割伤手指。

原理解释：用毛衣摩擦过的笔杆带上负电，将带负电的笔杆靠近铜丝时，铜丝上的电子因同性相斥而远离笔杆表面，聚集到铜丝下端的铝箔纸上。同样的，带有负电的两片铝箔纸也因同性相斥而互相远离。因此，笔杆靠近铜丝时，两片铝箔纸会张开。

34 电生磁

你需要准备：较粗的铁丝 1 根、较粗的漆包线 1 根、电池 1 节、钳子 1 把、回形针若干。

动一动手：

（1）将漆包线绕在铁丝上，并将漆包线两端的外皮去掉，露出部分铜丝（图 34-1）。

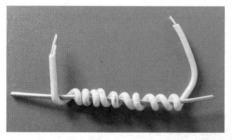

图　34-1

（2）将铜线与电池两端相接，并靠近回形针，观察回形针的情况，可以发现：回形针被铁丝吸引。

温馨提醒：谨防钳子夹伤手指。

原理解释：原来不具有磁性的物质在磁体或电流的作用下显现磁性，这种现象称为磁化。磁性是指能吸引铁、钴、镍等物质的性质。实验中的通电铜线具有磁性，而铁丝又会被铜线磁化，也有了磁性，故能将回形针吸引。

35 简易电动机

你需要准备：钳子1把、电池1节、钕磁铁3个、铜丝若干。

动一动手：

（1）用钳子将铜丝拧成如图35-1所示形状。

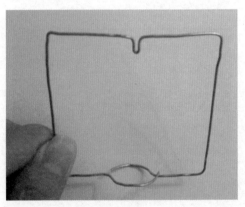

图 35-1

（2）将磁铁朝上一面接到电池的负极（图35-2）。

（3）将铜丝底部环状部分与磁铁相接，而铜丝顶部凸起处与电池的正极相接，保持铜丝左右平衡和稳定，观察铜丝的运动情况，可以发现：铜丝开始旋转。

（4）更换磁铁的磁极方向，并再次将铜丝底部环状部分与磁铁相接，铜丝顶部凸起处与电池的正极相接，保持铜丝左右平衡和稳定，再次观察铜丝的运动情况，可以发现：铜丝会沿相反方向旋转。

图 35-2

温馨提示：谨防钳子伤手指。

原理解释：实验中的磁铁与电池负极相接。将铜丝接入后，铜丝左右两部分形成了并联电路。此时，通电的铜丝在磁场中会受到安培力的作用，所以铜丝会旋转，而且根据左手定则，可判断出安培力的方向。如果将磁铁方向对调（或将电池的正负极对调），安培力的方向会改变，铜丝的旋转方向也相应改变。

36 被控制的小磁针

你需要准备：稍粗的铜丝1根、大头笔1支、电池盒2个、电池2节（与电池盒相匹配）、导线2根、小指南针1个。

动一动手：

（1）利用大头笔将铜丝绕成线圈，并取出大头笔（图36-1）。

图 36-1

（2）将线圈接入电路（图36-2）。

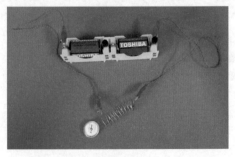

图 36-2

（3）将通电线圈的一端靠近小指南针（即小磁针）的 N 极，慢慢移动线圈，观察小指南针（即小磁针）的运动情况，可以发现：小指南针（即小磁针）跟着转动（图 36-3）。

图　36-3

原理解释：通电线圈和小磁针周围均存在磁场，而通电线圈的磁极可以通过安培定则来判断。根据安培定则，用右手握住线圈，让四指指向线圈中电流的方向，则拇指所指的那端便是线圈的 N 极。根据磁极间相互作用的规律，此时若在小磁针周围转动通电线圈，小磁针也会跟着转动，如图 36-4 所示。

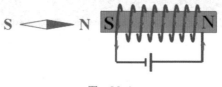

图　36-4

37 **磁铁怕热**

你需要准备：钕磁铁1个、大矿泉水瓶1个、点火器1把、棉线1条、玻璃杯1个、水若干、铁丝若干。

动一动手：

（1）利用材料制作如图37-1所示的装置，确保磁铁、铁丝及棉线均固定好，观察棉线上铁丝的情况，可以发现：棉线上的铁丝悬在半空。

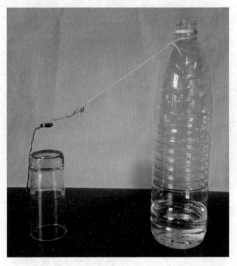

图 37-1

（2）用火燃烧棉线上的铁丝，观察铁丝的变化情况，可以发现：铁丝掉落。

温馨提醒：注意用火安全。

原理解释：本实验利用了磁化和退磁的知识。磁铁吸引铁丝是因为磁铁将铁丝磁化，磁化后的铁丝相当于一个微型磁铁。由于碰撞和高温等都可以将磁性物质退磁，而用火烧铁丝就是利用高温将铁丝退磁，所以铁丝被燃烧后会掉下。

38 电风扇发电

你需要准备：电风扇1台、发光二极管1只、绝缘胶带1卷、剪刀1把。

动一动手：

（1）取一只发光二极管，用绝缘胶带把它的两个接线柱分别和电风扇的电源插头的两个铜片粘紧（图38-1）。

图　38-1

（2）用手指拨动电风扇的风叶，让风叶快速转动，观察发光二极管的发光情况，可以发现：发光二极管一闪一闪地发光。

原理解释：电风扇的电源插头与发光二极管连接好后，发光二极管、导线（插头铜片也相当于导线）和电风扇中的线圈构成闭合电路。当风叶受到外力转动时，会带动电风扇内部电动机中的转轴和线圈转动，从而切割磁感线，产生感应电流，该电流使发光二极管发光。

39 铝箔荡秋千

你需要准备：铝箔纸1张、电池1节、回形针2根、铜丝2根、透明胶纸1卷、剪刀1把，铷磁铁数个。

动一动手：

（1）取一根回形针，利用透明胶纸将其固定在电池的正极（图39-1）。

图 39-1

（2）用剪刀剪取适量的铝箔纸，将其折叠并拧成一条细长的铝箔绳。

（3）把两根铜丝分别固定在铝箔绳的两端，并将两根铜丝分别拧成钩子状（图 39-2）。

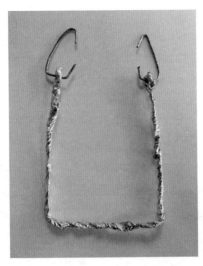

图 39-2

（4）将其中一根铜丝勾在固定的回形针上，另一根铜丝勾在另一根回形针上。

（5）将铝箔绳置于磁铁上方（注意控制好高度），并利用回形针反复交替地接通、断开电源，观察铝箔绳的运动情况，可以发现：铝箔绳荡起秋千。

温馨提醒：谨防铜丝扎伤手指和磁铁夹伤手指。

原理解释：当回形针接触电池负极后，电池、回形针、铜丝和铝箔构成闭合回路，产生了电流。而处在磁场中的通电铝箔会受到来自磁场的力，这个力叫安培力。根据左手定则，可判断出安培力向前或向后。当接通电源时，铝箔受安培力；当断开电源时，铝箔不受安培力。因此，反复接通、断开电源，铝箔便可像荡秋千一样摆动。

40 电池车

你需要准备：铷磁铁 4 个、5 号电池 1 节、铝箔纸 1 张。

动一动手：

（1）制作电池车：电池两端各与 2 个磁铁的 S 极相接
（图 40-1 和图 40-2）。

图　40-1

图　40-2

（2）将电池车放到铝箔纸上，观察电池车的运动情况，可以发现：电池车向前滚动。

（3）调整电池车的方向，再次观察电池车的运动情况，可以发现：电池车向后滚动。

温馨提醒：谨防磁铁夹伤手指。

原理解释：磁铁和铝箔纸均可以导电。当电池两端的磁铁与铝箔纸接触后，电池、磁铁及铝箔纸三者就组成一个闭合回路。根据左手定则可知，电池车因受到安培力而滚动。而调整电池车方向后，电池车受到的安培力方向也改变，电池车滚动的方向便随之改变。

41 **飞盘**

你需要准备：铝箔纸1张、圆规1把、剪刀1把、电磁炉1个、卷纸筒1个。

动一动手：

（1）利用圆规和铝箔纸裁剪如图41-1所示的圆环，注意中间圆形的直径比卷纸筒直径略大。

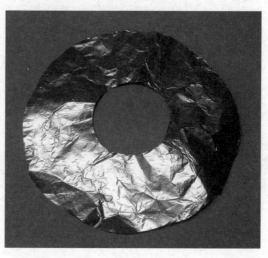

图　41-1

（2）将圆环套在卷纸筒上（图41-2），并将整个装置放在电磁炉的中部。

图 41-2

（3）打开电磁炉开关，观察铝箔圆环的运动情况，可以发现：铝箔圆环就像飞盘一样浮起来了（图 41-3）。

图 41-3

　　温馨提醒：谨防剪刀割伤手指和注意用电安全。

　　原理解释：电磁炉内部有铜线线圈，当通电时，线圈会产生磁场。根据楞次定律，电磁炉上方的铝箔圆环在磁场中会产生与电磁炉方向相反的磁场。由于这两个磁场相互排斥，所以较轻的铝箔圆环受到一个向上的排斥作用力，便浮了起来。

名师讲堂码书码课系列

物理趣味创意实验

100个

——让孩子们一起玩中学

（下册）

陈耿炎 张惠瑶 著

清华大学出版社

北 京

目
录

下　册

运动与力

运动与力

42 冷热水一定会混合吗

你需要准备：完全相同的玻璃杯 2 个、红墨水 1 瓶、卡片 1 块、温水若干、冷水若干。

动一动手：

（1）分别向两个玻璃杯中加满温水和冷水，其中温水中加入适量墨水。

（2）用卡片盖住装满冷水的玻璃杯，倒置并平放在装满温水的玻璃杯上，注意杯口对准。

（3）慢慢抽离卡片，观察两杯水的情况，可以发现：冷热水混合（图 42-1）。

图 42-1

（4）将两杯水倒掉，再次往两个玻璃杯中分别加满温水和冷水，其中温水中加入适量墨水。

（5）用卡片盖住装满温水的玻璃杯，倒置并平放在装满冷水的玻璃杯上，注意杯口对准。

（6）慢慢抽离卡片，再次观察两杯水的情况，可以发现：冷热水居然分层（图42-2）。

图 42-2

原理解释：4℃以上的水遵循"热胀冷缩"的规律。即在4℃～100℃时，随着温度升高，水的密度会降低。实验中的冷热水温度均高于4℃，所以热水密度小，冷水密度大。当冷水在上方，热水在下方时，抽离卡片，热水会往上流动，从而使得冷热水混合；当热水在上方，冷水在下方时，抽离卡片，冷热水不会混合，热水依旧浮在冷水上面。

43 旋转纸环

你需要准备:卡纸1张、铁丝1根、细针1根、夹子1个、笔1支、剪刀1把、圆柱蜡烛1根、点火器1把、透明胶纸1卷、纸片若干。

动一动手:

（1）用笔在卡纸上画上纸环的图案（图43-1）。

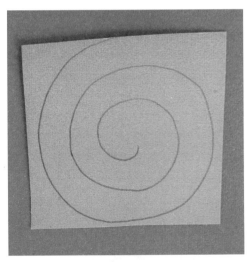

图 43-1

（2）用剪刀沿着纸环的边沿裁剪，尽量剪得整齐，完成纸环的制作（图43-2）。

图 43-2

（3）将细针固定在铁丝上方，并将铁丝底部固定在纸片上，方便夹子夹住（图43-3）。

图 43-3

（4）用夹子夹住铁丝底部后，将整个支架竖直放置，并把纸环放在铁丝上方的细针上（图 43-4）。

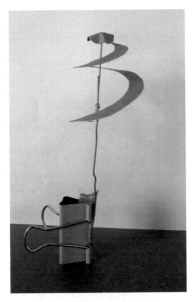

图　43-4

（5）将点燃的蜡烛放置在纸环下方，观察纸环的运动情况，可以发现：纸环旋转。

温馨提醒：谨防剪刀割伤手指和细针刺伤手指，以及注意用火安全。

原理解释：点燃蜡烛后，蜡烛上方的空气会受热膨胀，密度变小，热气会往上升。当上升的热气遇到纸环时，会推动纸环，从而使纸环旋转。

44 走马灯

你需要准备：纸杯1个、笔1支、美工刀1把、圆柱蜡烛1根、点火器1把、夹子1个、铁丝1根、细针1根。

动一动手：

（1）在纸杯侧面画4个大小相当的长方形（图44-1）。

图 44-1

（2）用美工刀沿着4个长方形的边沿裁割，仅留同侧的一条长边（图44-2）。

图 44-2

（3）将细针固定在铁丝上方，并将铁丝下端绕在夹子上，注意保持铁丝平稳（图44-3）。

图 44-3

（4）将整个支架竖直放置，并把纸杯放在铁丝上方的细针上（图44-4）。

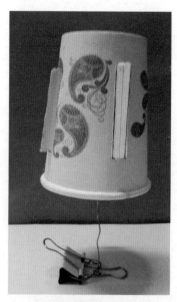

图 44-4

（5）将点燃的蜡烛放在纸杯下方，观察纸杯的运动情况，可以发现：纸杯旋转。

温馨提醒：谨防美工刀割伤手指和注意用火安全。

原理解释：点燃蜡烛，蜡烛上方的空气受热膨胀，密度变小，热气会往上升。当上升的热气遇到纸杯时，无法继续上升，只能顺着纸杯侧面的空隙流出。当热气流出时，会产生一个反作用力，即产生一个和热气流出方向相反的力。因此，纸杯旋转。

45 分层的液体

你需要准备：玻璃杯1个、一次性塑料杯3个、油若干、洗手液若干、水若干、红墨水若干。

动一动手：

（1）分别取适量的洗手液、油、水置于不同的塑料杯中，并往装有水的塑料杯滴入适量红墨水。

（2）依次将洗手液、油、红墨水倒入玻璃杯中，稍等片刻，观察3种液体的情况，可以发现：液体出现分层，而且油在最上层、红墨水在中层、洗手液在最底层（图45-1）。

图 45-1

原理解释：洗手液、红墨水和油3种液体的密度关系为：洗手液＞红墨水＞油。因此，将3种液体倒入玻璃杯中会出现分层，而且油在最上层、红墨水在中层、洗手液在最底层。

46 反冲小车

你需要准备：矿泉水瓶1个、矿泉水瓶盖4个、气球1个、铁丝2根、吸管2根、空心笔杆1支、剪刀1把、橡皮筋1条、点火器1把、透明胶纸1卷。

动一动手：

（1）用一个空矿泉水瓶做车身，截取两段长度适中的吸管，并用胶纸固定在车身上（图46-1）。

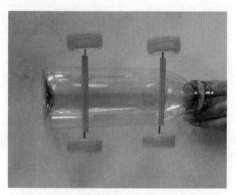

图 46-1

（2）用点火器将铁丝加热，并趁热在4个矿泉水瓶盖中间穿孔（孔径与铁丝直径相当）。

（3）铁丝穿过吸管，并将4个瓶盖固定在铁丝上，完成车轮子的制作（图46-1）。

（4）用橡皮筋将气球固定在空心笔杆的一端（图46-2），并利用胶纸将笔杆固定在矿泉水瓶的另一面，注意笔杆要伸出瓶身（图46-3）。

图　46-2

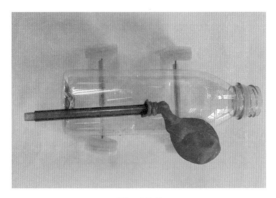

图　46-3

（5）通过笔杆将气球吹大，捏紧气球口，将小车放在桌面上，松开手指，可以发现：小车前进。

温馨提醒：谨防剪刀割伤手指和铁丝戳伤手指，以及注意用火安全。

原理解释：充满气体的气球通过笔杆向后喷出气体时，会产生向前的反作用力，即产生一个和喷出方向相反的推力推动气球并带动小车前进。

47 **旋转喷头**

你需要准备：一次性塑料杯1个、完全相同的吸管2根、热熔胶枪1把、剪刀1把、水盆1个、细线3根、剪刀1把、水杯1个、水若干。

动一动手：

（1）在塑料杯侧壁靠近底部处开2个小口（口径比吸管直径略小），注意2个小口在同一水平面上，且在同一圆的同一条直径上。

（2）在塑料杯上方侧面开3个小孔，确保小孔之间距离相等，且在同一水平面上。

（3）从两根吸管（可以弯折那段）上截取2段长度约为8厘米的小管子，并将其穿过塑料杯下方的小口，同时利用热熔胶枪固定（图47-1）。

图　47-1

（4）在塑料杯上方的3个小孔绕上细线，并用手指捏紧（图47-2）。

图　47-2

（5）往杯中倒入水，观察整个装置的运动情况，可以发现：喷头旋转。

温馨提醒：谨防剪刀割伤手指和热熔胶枪烫伤手指。

原理解释：水和喷头可以看作一个整体，当水从喷头喷出时，与喷头相互作用，使得喷头朝与水喷出方向相反的方向运动。即旋转喷头是利用反作用力的推动作用，使喷头边喷水边旋转。这种运动在物理学上叫作反冲运动，其定义是：静止或运动的物体通过分离自身一部分的物体，使剩余部分向反方向运动的现象。反冲运动满足动量守恒定律。

48 反冲小船

你需要准备：厚度约为 0.5 厘米的泡沫板 1 块、橡皮筋 1 条、刻度尺 1 把、笔 1 支、美工刀 1 把、水若干。

动一动手：

（1）利用刻度尺和笔在泡沫板上画出小船图案和正方形船桨，并用美工刀裁剪（图 48-1）。

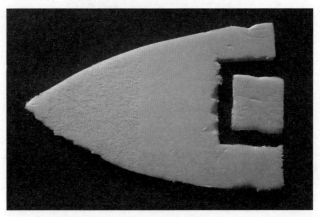

图　48-1

（2）将橡皮筋套在小船尾部和船桨上，注意橡皮筋要在船桨中部（图 48-2）。

（3）将小船放入水中，顺时针旋转船桨并松手，同时观察小船的运动情况，可以发现：小船会向前运动。

温馨提醒：谨防美工刀割伤手指。

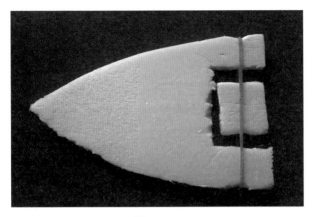

图　　48-2

　　原理解释：当用手拉橡皮筋时，它的形状会发生改变。如果撤去外力，橡皮筋能恢复到原来的形状。橡皮筋发生形变时产生的力叫作弹力。把橡皮筋套在小船尾部，旋转船桨泡沫板，此时的橡皮筋发生形变，产生了弹力。松手后，橡皮筋沿反方向恢复到原来的形状，带动泡沫板在水中反方向转动。根据作用力与反作用力，泡沫板给水一个向后的力，水给泡沫板一个向前的力。因此，小船能够前行。当然，如果橡皮筋的旋转方向改变，小船的前进方向也会随之改变。

49 球往高处走

你需要准备：铅笔 2 支、纸板 1 块、美工刀 1 把、刻度尺 1 把、双面胶纸 1 卷、玻璃球 1 个。

动一动手：

（1）将纸板裁剪出 4 块高度适当的长条垫高板，并在垫高板表面都贴上双面胶纸。

（2）将其中 3 块垫高板重叠粘在一起合成更高的垫高板，将两块垫高板（一高一低）平行放在桌面上，两者间距离依据铅笔的长度而定。

（3）制作滑坡：将两支铅笔贴紧（宽度依据玻璃球的大小而定）并排摆放在垫高板上，确保两支铅笔处于平行的状态（图 49-1 和图 49-2）。

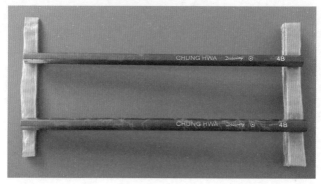

图　49-1

图　49-2

（4）将玻璃球放在滑坡位置较高的一端，松手，观察玻璃球的运动情况，可以发现：玻璃球沿着滑坡往下滚动。

（5）调整滑坡较矮的那端两根铅笔之间的宽度，其宽度为较高那端宽度的一半左右（图49-3）。

图　49-3

（6）将玻璃球放在滑坡位置较高的一端，松手，观察玻璃球的运动情况，可以发现：玻璃球静止不动。

（7）将玻璃球放在滑坡位置较低的一端，松手，观察玻璃球的运动情况，可以发现：玻璃球沿着滑坡往上滚动。

温馨提醒：谨防美工刀割伤手指。

原理解释：刚开始，滑坡上下端的宽度一样，玻璃球因为受到重力作用而向下运动。后来调整滑坡下端，使得两根铅笔的间距变小，玻璃球停在此处时重心较高；相反，在上端处，两根铅笔的间距大，玻璃球在此时处重心较低。也就是说，在滑坡上，从下端到上端玻璃球的重心逐渐降低。为了保持稳定，玻璃球会往重心低的方向运动。因此，由于我们盯着滑坡看，看似向上滚动的玻璃球，实际上是向下滚动。

50 看不见的子弹

你需要准备：矿泉水瓶 1 个、气球 1 个、剪刀 1 把、美工刀 1 把、透明胶纸 1 卷、硬纸板若干。

动一动手：

（1）利用硬纸板制作 5 个小纸人模型，并将其摆放好（图 50-1）。

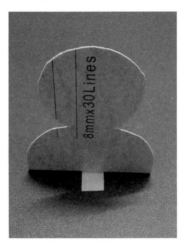

图　50-1

（2）利用美工刀将矿泉水瓶去底。

（3）根据裁割好的矿泉水瓶瓶底口径截取气球，确保气球可以封住瓶底。

（4）利用透明胶纸在矿泉水瓶瓶底处将气球固定好

(图50-2)。

图 50-2

（5）将矿泉水瓶瓶口对准小纸人，拉动气球膜后突然放手，观察小纸人的运动情况，可以发现：小纸人倒下。

温馨提醒：谨防剪刀和美工刀割伤手指。

原理解释：实验中，拉动气球膜，再突然放手，使得瓶内的空气被压缩，并从瓶口喷出。喷出的空气由于惯性继续向前运动，击倒了小纸人。

51 赖着不走的硬币和苹果

你需要准备:1元硬币1枚、5角硬币1枚、玻璃杯1个、硬卡纸1块、刻度尺1把、美工刀1把、苹果1个、卷纸筒1个、金属盘子1个、大碗1个。

动一动手:

(1)利用刻度尺和美工刀裁剪一块比玻璃杯口大的硬卡纸,并将其居中放在玻璃杯杯口上。

(2)将两枚硬币交叠居中放在硬卡纸上(图51-1)。

图 51-1

(3)用手指快速抽走硬卡纸,观察硬币的掉落情况,可以发现:两枚硬币落入杯中。

(4)将金属盘子居中放置在大碗上方。

(5)在金属盘子正中央竖直放一个卷纸筒,并将苹果放在卷纸筒上方,注意苹果和大碗处于同一条竖直线上

（图 51-2）。

图 51-2

（6）用手快速将金属盘子推开，观察苹果的掉落情况，可以发现：苹果落入大碗中。

温馨提醒：谨防美工刀割伤手指。

原理解释：在物理学上，物体保持原有静止状态或匀速直线运动状态不变的性质称为惯性。惯性是物体的一种固有属性，在任何时候（无论是否受到外力作用）、任何情况（无论静止或运动）下都不会改变，也不会消失。实验中，一开始硬币是静止的，当快速抽走硬卡纸后，硬币由于惯性，要保持原来的静止状态，仍然留在原处，而在做极短暂停留后，在重力的作用下，硬币就落入杯中。苹果掉落碗中的原理也是与此相似的。

52 神奇的纸桥

你需要准备：A4 纸 2 张、一次性塑料杯 2 个、玻璃杯 1 个、水若干。

动一动手：

（1）往塑料杯中加入适量的水，并将两个塑料杯放置在同一水平线上，注意两者相隔的距离小于 A4 纸的长度。

（2）取一张 A4 纸，将其平铺在两个塑料杯上。

（3）把玻璃杯放在纸上，观察 A4 纸的情况，可以发现：纸向下弯折。

（4）取另一张 A4 纸，将其折叠成波浪形（图 52-1），放在两个塑料杯上。

图　52-1

（5）把玻璃杯放在波浪形纸桥上，观察纸桥的情况，可以发现：纸桥撑起了玻璃杯。

原理解释：物体能承受的重量不仅与物体的材质和质量有关，还和物体的形状有关。实验中，平铺的纸直接受到玻璃杯向下的压力，所以无法承受较大的重量。而波浪形的纸桥可以看作是由很多三角形组成，三角形结构有利于分散或间接抵消外来压力，故能承受更大的重量。

53 **听话的兔子**

你需要准备：铁丝1根、卡纸1张、刻度尺1把、彩笔1盒、剪刀1把、透明胶纸1卷。

动一动手：

（1）用一根铁丝拧3个孔，注意3个孔的位置要错开，不能在同一直线上（图53-1）。

图 53-1

（2）利用刻度尺和彩笔在卡纸上画出兔子模型，并将其裁剪（图53-2）。

（3）利用透明胶纸将铁丝固定在兔子背面的中间部分，并用棉线穿过铁丝的3个孔，最后将兔子卷成圆筒并用透明胶纸贴好。

（4）将兔子竖直放置，通过拉紧和放松棉线来实现兔子的"不动"和"往下走"。

图 53-2

温馨提醒：谨防剪刀割伤手指。

原理解释：本实验是利用摩擦力来控制兔子。虽然铁丝和兔子受重力作用，但拉直后的棉线与铁丝间的摩擦力增大，摩擦力阻碍了铁丝与兔子向下滑动。而放松的棉线与铁丝间的挤压减小，摩擦力也随之减小，使得摩擦力不足以阻碍铁丝及兔子下滑。

54 筷子提米

你需要准备：漏斗1个、矿泉水瓶1个、筷子1根、透明胶纸1卷、杯子1个、米若干。

动一动手：

（1）利用漏斗往矿泉水瓶内加满米（图54-1）。

图 54-1

（2）用手指将瓶子里的米压一压。

（3）从手指缝间插入一根筷子，并用手压紧米粒。

（4）将筷子提起，观察筷子的情况，可以发现：筷子提起了装满米的矿泉水瓶（图54-2）。

图 54-2

原理解释：两个相互接触并挤压的物体，当它们之间有相对运动或具有相对运动趋势时，会在接触面上产生一个阻碍相对运动或趋势的力，这个力在物理学上称为摩擦力。实验中，瓶子内米粒与筷子之间相互挤压。将筷子提起时，瓶子、米粒和筷子紧紧地挤在一起，他们之间的摩擦力增大。米粒和瓶子由于摩擦力的作用阻碍筷子向上运动，反而被筷子提起。实际上，实验中的摩擦力是静摩擦力。

55 铁环向上爬

你需要准备：橡皮筋1条、铁环1个、剪刀1把。

动一动手：

（1）将橡皮筋剪断，并把铁环套在橡皮筋上。

（2）将橡皮筋的一端拉直并稍微倾斜，注意将铁环放在橡皮筋的下端（图55-1）。

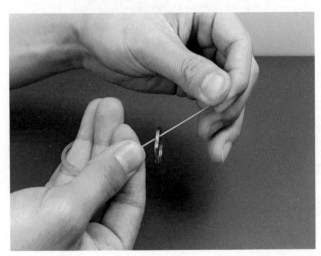

图 55-1

（3）慢慢松开橡皮筋位置低的一端，观察铁环的运动情况，可以发现：铁环慢慢向上爬。

温馨提醒：谨防剪刀割伤手指。

　　原理解释：由于小铁环和倾斜的橡皮筋之间存在摩擦力，加上橡皮筋本身具有弹性。当慢慢松开橡皮筋位置低的一端时，橡皮筋会开始收缩并逐渐恢复原状。在摩擦力的作用下，橡皮筋带动小铁环一起向上做收缩运动，便在视觉上产生"铁环向上爬"的效果。

56 拉不开的书

你需要准备：书2本。

动一动手：

（1）将两本书的纸张互相交叠在一起（图56-1），交叠得越多越好。

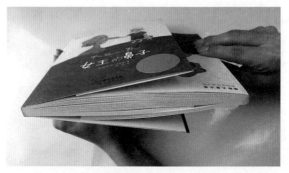

图 56-1

（2）尝试用力拉开两本书，观察两本书的情况，可以发现：两本书拉不开。

温馨提醒：谨防纸张割伤手指。

原理解释：两个物体相互接触并具有相对运动的趋势时会产生摩擦力。当接触面光滑或拉力大于摩擦力时，拉力就能使两个物体分开。两张纸叠在一起拉开的过程也有摩擦力，只是很小，不足以使我们察觉。而随着纸张数目的增加，纸与纸间的摩擦力也就增大，所以实验中的两本书用力拉也分不开。

57 气垫船

你需要准备：光盘 1 张、卡纸 1 张、气球 1 个、剪刀 1 把、透明胶纸 1 卷。

动一动手：

（1）将卡纸卷成圆筒，并用透明胶纸竖直固定在光盘上，注意圆筒的中央对准光盘的中心小孔，且光盘光滑面朝下（图 57-1）。

图 57-1

（2）将光盘放在桌面上，把气球套在圆筒上，轻微推动光盘，观察光盘的运动情况，可以发现：光盘运动一段距离便静止。

（3）将气球取下并吹满气，把气球口套在圆筒上，同时用手指捏紧气球口（图 57-2）。

图 57-2

（4）松开手指，再次轻微推动光盘，观察光盘的运动情况，可以发现：光盘运动距离更远了。

温馨提示：谨防剪刀割伤手指。

原理解释：两个物体相互接触并具有相对运动时会产生摩擦力。当光盘在桌面上滑动时，光盘与桌面存在摩擦力，此时摩擦力较大，阻碍了光盘前进。将气球吹满气后，气球内的气体通过光盘中间的孔喷出，使得光盘和桌面之间形成气垫，极大地减小了摩擦力，故光盘能够运动更长时间，运动的距离自然更长。

58 手指中间跑

你需要准备：刻度尺 1 把。

动一动手：

（1）将刻度尺放在双手的食指上，注意刻度尺保持水平且食指到刻度尺中点的距离不同（图 58-1）。

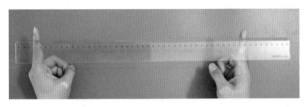

图 58-1

（2）双手食指分别从两端同时往刻度尺中部移动，直到双手食指接触，并观察手指的位置，可以发现：食指恰好在刻度尺的中心处汇合。

原理解释：双手食指到刻度尺的中心处距离不同，移动手指时，手指和刻度尺之间存在摩擦力。离中心处越远的手指受到刻度尺的压力越小，摩擦力也越小，所以该处的手指会先移动。因此，在摩擦力的作用下，两根手指交替移动，最终两根手指会在刻度尺的中心处（即重心处）汇合。实际上，实验中的摩擦力是滑动摩擦力。

59 纸顶硬币

你需要准备：卡纸1张、刻度尺1把、剪刀1把、硬币1枚。

动一动手：

（1）利用刻度尺和剪刀在卡纸上裁剪出一张长方形卡纸。

（2）把长方形卡纸竖直放置，注意其长边接触桌面。

（3）将硬币横着放在卡纸的边缘上（图59-1），观察硬币的情况，可以发现：硬币掉落。

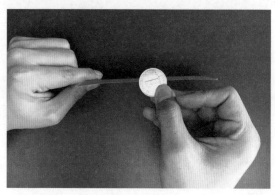

图 59-1

（4）将长方形卡片对折，形成V字形卡纸。

（5）将硬币横放在V字形卡纸上（图59-2），往两端慢慢拉直卡纸，观察硬币的情况，可以发现：拉直后的卡纸顶起了硬币。

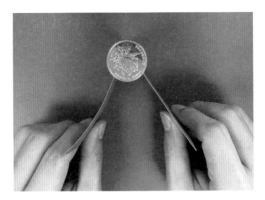

图 59-2

温馨提醒：谨防剪刀割伤手指。

原理解释：一开始将硬币放置在长方形卡纸上会掉下，是因为硬币的重心不在卡纸上；而Ｖ字形的卡纸被拉直的过程中会和其上方的硬币产生摩擦力。卡纸的两边与硬币的重心距离不同，摩擦力也不同。摩擦力小的一边会先移动。于是，在摩擦力的作用下，卡纸的两边交替移动，硬币的重心也随之移动。最后当卡纸被拉成直线时，硬币的重心恰好落在这条直线上，所以硬币能够停在卡纸上而不会掉落。

60 铁钉立在空中

你需要准备：铁钉13根、泡沫板1块、美工刀1把、双面胶纸1卷。

动一动手：

（1）在泡沫板上裁取两块大小适中的泡沫块。

（2）取一块泡沫块平放在桌面上，将另一块泡沫块竖直放在第一块泡沫块的中央，并用双面胶纸固定好。

（3）取一根铁钉，竖直插入竖放的泡沫块，并确保不会前后左右晃动（图60-1）。

图 60-1

（4）再取一根铁钉平放于水平的桌面上，依次交错地将其他 10 根铁钉架在平放的铁钉上（两边各 5 根），钉帽要尽量靠近。

（5）将最后一根铁钉横跨架在已经交错摆放好的其他铁钉的钉帽上，并使其铆合在一起。

（6）捏紧平行的两根铁钉，轻轻抬起来，并将该组合铁钉放在竖直立着的铁钉钉帽上（注意轻拿轻放），观察整个铁钉组合的"站立"情况，可以发现：整个铁钉组合稳稳地"站立"在空中（图 60-2 和图 60-3）。

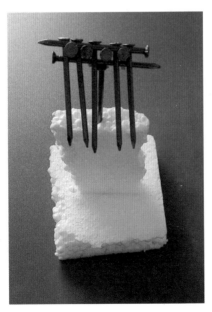

图　60-2

图 60-3

温馨提醒：谨防美工刀割伤手指和铁钉扎伤手指。

原理解释：对于整个物体来说，重力作用的表现效果就好像它作用在某一个点上，这个点在物理学上称为物体的重心。立在空中的铁钉是按照交叉、锁定的方式排列并相互卡在一起，在重力和摩擦力的作用下，它们形成了一个相对稳定的铁钉组合结构。再加上这组铁钉组合结构的重心与竖直铁钉几乎在同一条铅锤线上。因此，整个铁钉组合结构能够保持平衡，甚至可以转动。

61 火柴的神力

你需要准备:火柴3根、雪碧瓶2个、棉线1条、水若干。

动一动手:

(1)拿出1根火柴,将它放在桌边,一半悬空,一半用装有水的雪碧瓶压住,注意火柴头朝外。

(2)在另一个装有水的雪碧瓶口或提手处缠上1条棉线,并将棉线挂在火柴悬空的一端。

(3)把瓶上棉线做的绳环拉起来,拿出第二根火柴(最好去掉头部),将它横着将绳环中间支撑开,保证火柴平行于地面。

(4)用第三根火柴棒的头部抵住第一根火柴棒的头部,再把它的尾部抵在第二根火柴的中间位置。此时,第一根和第二根火柴呈90°摆放,慢慢调整重心,3根火柴就搭建完毕(图61-1)。

图 61-1

（5）慢慢地移开压在第一根火柴上的雪碧瓶，观察整个装置的平稳情况，可以发现：第一根火柴竟然牢牢地在桌边上没有掉下来，装有水的雪碧瓶也稳稳地吊在桌边（图61-2）。

图　61-2

原理解释：本实验利用了杠杆平衡条件的原理。实验一共使用3根火柴。第一根在桌面上，第二根撑开了棉线，第三根卡在第一根与第二根之间。其中，被撑开的棉线对第二根火柴棒有一个往里的挤压力，该力保证了棉线和火柴间有足够的摩擦，从而为第三根火柴提供了必要的支撑力。而如果没有第三根火柴，桌面上的第一根火柴肯定是撑不住的。因此，这3根火柴互相支撑，形成了一个整体支架，使得每个方向的力都达到平衡状态。

62 气体大挪移

你需要准备：完全相同的气球 2 个、棉线 2 条、笔杆 1 支、夹子 1 个。

动一动手：

（1）将笔杆的一端插入一个气球的气球口，并用棉线将笔杆与气球口固定。

（2）从笔杆另一端往里吹气，使气球变鼓后，用夹子夹住气球口下端，以防止气球漏气。

（3）再取另一个气球，并将其吹起，注意该气球大小大约是步骤（2）中气球的 2 倍。

（4）吹完气后，将气球口用手捏住，然后套在笔杆的另一端，同样用棉线固定好气球口。

（5）将夹子取走，同时用手将两个气球的气球口下端捏紧，注意防止漏气（图 62-1）。

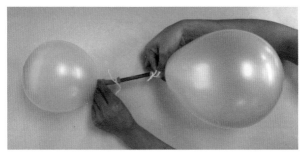

图　62-1

（6）将气球放在桌面上，同时松开两只手，观察两个气球的变化情况，可以发现：大气球越来越大，小气球越来越小。

原理解释：气球的球皮具有阻碍膨胀的能力。当气球吹得越小，球皮的阻碍力越大。因此，小气球的球皮阻碍力比大气球阻碍力大，小气球的气体会被压到大气球一侧。这也就是为什么一开始吹气球会比较费力，而一旦吹开，继续吹就会轻松的原因。

63 扎不破的气球

你需要准备：工字钉1盒、完全相同的气球2个、双面胶纸1卷。

动一动手：

（1）将2个气球吹满气并把气球口打结，注意尽量让两个气球大小相当。

（2）利用双面胶纸将一个工字钉竖直固定在桌面上，注意钉尖朝上（图63-1）。

图 63-1

（3）取其中一个气球轻轻敲打工字钉，观察气球的变化情况，可以发现：气球马上爆破。

（4）利用双面胶纸将几十个工字钉竖直固定在桌面上，注意工字钉尽量挨近且钉尖朝上（图63-2）。

图 63-2

（5）取另一个气球轻轻敲打或按压工字钉，再次观察气球的变化情况，可以发现：气球不会爆破。

温馨提醒：谨防工字钉刺伤手指。

原理解释：压力的作用效果不仅跟压力大小有关，还与受力面积有关。在物理学中，物体所受压力大小与受力面积之比叫作压强。把气球敲打或压在一个钉子上时，气球受到钉子给它向上的力，由于只有一个钉子，受力面积较小，故气球所受压强较大，气球便爆破。而把气球敲打或压在一群钉子上时，气球同样受到钉子给它向上的力，假设两个力大小相等，那么由于钉子的数量较多，受力面积较大，故气球所受压强较小，不足以使气球爆破。

64 潜入水底的乒乓球

你需要准备：水盆 1 个、玻璃杯 1 个（口径比乒乓球直径大）、乒乓球 1 个、水若干。

动一动手：

（1）往水盆中倒入适量的水，注意水的高度要小于玻璃杯的高度。

（2）将乒乓球放入水中，观察乒乓球的状态，可以发现：乒乓球漂浮。

（3）将空玻璃杯倒扣罩住乒乓球（注意防止漏气），并用手竖直向下缓慢按压玻璃杯，观察乒乓球的运动情况，可以发现：乒乓球潜入水底（图 64-1）。

图 64-1

原理解释：放在水中的乒乓球受到水的浮力以及自身重力的影响，且两个力大小相等、方向相反，故乒乓球受力平衡，漂浮在水面上。而当用空玻璃杯罩住乒乓球并往水下压时，玻璃杯内空气被压缩，导致气压增大，会对乒乓球施加向下的压力。相应地，乒乓球所受浮力也增大。最终，乒乓球在自身重力、空气压力以及浮力的作用下使得乒乓球受力平衡而在水下保持静止。

65 飞升的灰烬

你需要准备：茶叶包 2 个、剪刀 1 把、点火器 1 把。

动一动手：

（1）将茶叶包顶端（有棉线那一端）剪开，并小心地倒出茶叶。

（2）将空的茶叶包完全摊开，发现两端都有开口。

（3）把开口摊开，使茶叶包成为圆筒状，并将茶叶包竖直放置（图 65-1）。

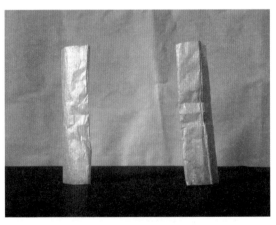

图　65-1

（4）从茶叶包的顶部点火，观察茶叶包燃烧后的现象，可以发现：灰烬往上飞升。

温馨提醒：谨防剪刀割伤手指和注意用火安全。

　　原理解释：茶叶包燃烧时，火焰上方的空气受热膨胀而上升，上升的热空气使得茶叶包上方的大气压强变小，从而造成茶叶包上下方的气压差，也就有了压力差，当压力差大于燃烧剩余茶叶包的重力时，茶叶包的灰烬便会上升。

66 悬空的水

你需要准备：水盆 1 个、纸杯 1 片、卡片 1 张、美工刀 1 把、水杯 1 个、水若干。

动一动手：

（1）利用美工刀在纸杯底部中央开一个小洞（图 66-1）。

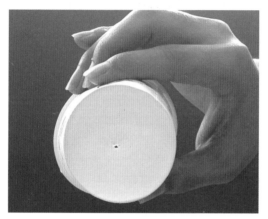

图　66-1

（2）用手指按住纸杯的小洞，往杯中加满水，盖上卡片。

（3）用手按住卡片，将纸杯倒置，松开纸杯下方的手，观察卡片和水的情况，可以发现：卡片和水悬在空中（图 66-2）。

图　66-2

（4）松开上方的手指，再次观察卡片和水的情况，可以发现：卡片和水掉下。

温馨提醒：谨防美工刀割伤手指。

原理解释：在物理学上，大气对浸在它里面的物体产生的压强称为大气压强。实验中，用手指按住纸杯的小洞，对于卡片而言，下方是空气，上方是水，大气压强的存在使得卡片上下表面存在气压差，该气压差足以托起卡片及其上方的水。而松开手指后，空气通过小洞进入纸杯，大气压强直接作用于纸杯中的水，此时的气压差不足以托起卡片及其上方的水，故卡片和水会掉下。

67 气球吸杯

你需要准备：酒杯 1 个、纸巾 1 片、打火机 1 把、气球 1 个。

动一动手：

（1）将气球充气并把气球口打好结。

（2）点燃纸巾，放入酒杯中。

（3）待纸完全燃烧后，迅速用气球堵住杯口。

（4）稍等片刻，将气球提起，观察气球和酒杯的情况，可以发现：气球吸住了酒杯（图 67-1）。

图 67-1

温馨提醒：注意用火安全。

原理解释：点燃纸巾并放入酒杯中，杯内温度升高，使得杯内空气受热膨胀，一部分溢出杯口。而火完全熄灭后，用气球封住杯口，杯内温度逐渐下降，使得空气冷却收缩，杯内气压降低，此时，气球内气压高于杯中气压。因此，气球会有一部分被挤到杯中，气球便可吸住酒杯。

68 瓶吞鸡蛋

你需要准备：玻璃瓶 1 个（口径比鸡蛋小）、水盆 1 个、煮熟鸡蛋 1 个、热水若干、冷水若干。

动一动手：

（1）将煮熟的鸡蛋去壳，注意保持鸡蛋的完整性。

（2）往水盆中倒入适量的冷水。

（3）往玻璃瓶中倒入热水，并迅速将热水倒掉，将鸡蛋放在瓶口（图 68-1）。

图　68-1

（4）迅速将玻璃瓶放在冷水中。

（5）稍等片刻，观察鸡蛋的运动情况，可以发现：鸡蛋慢慢滑入瓶内（图68-2）。

图 68-2

温馨提醒：谨防热水烫伤手指。

原理解释：往空瓶子里加入热水后，瓶内气体受热膨胀，部分溢出瓶口。接着，倒掉热水，将鸡蛋放在瓶口，并把瓶子放入冷水里，使得瓶内温度渐渐降低，瓶内气体冷却收缩，瓶内气压变低。最后，鸡蛋在大气压强的作用下被挤压到瓶子内。

69 瓶吐鸡蛋

你需要准备:玻璃瓶 1 个(口径比鸡蛋小)、水盆 1 个、煮熟鸡蛋 1 个、热水若干、冷水若干、酒精若干。

动一动手:

(1)按照实验"瓶吞鸡蛋"的操作步骤将鸡蛋"存入"玻璃瓶内(图 69-1)。

图 69-1

(2)将瓶子放在热水中,迅速拿出,并往瓶内倒入适量的酒精。

(3)把瓶子倒置,待鸡蛋堵住瓶口后,迅速将瓶子正立放入热水中。

（4）稍等片刻，观察鸡蛋的运动情况，可以发现：鸡蛋慢慢滑出瓶口。

温馨提醒：谨防热水烫伤手指。

原理解释：将装有鸡蛋的瓶子放入热水里，瓶内温度升高，取出瓶子并倒入酒精后，液体酒精逐渐蒸发成气体酒精。将瓶子倒置过来，鸡蛋在自身重力和瓶内气压的共同作用下来到瓶口。此时，再将瓶子放到热水里，瓶内剩余的液体酒精会继续蒸发，加上气体受热膨胀，瓶内气压逐渐升高。最后，鸡蛋在瓶内气压的作用下慢慢滑出瓶口，就像瓶子在吐鸡蛋。

70 听话的瓶子

你需要准备:矿泉水瓶1个、电烙铁1把、气球1个。

动一动手:

(1)用电烙铁在矿泉水瓶的侧面开一个小孔,并将气球套在瓶口内(图70-1)。

图 70-1

(2)用手指按住瓶子的小孔,往瓶口吹气,观察气球的膨胀情况,可以发现:气球吹不大。

(3)松开手指,往瓶口吹气,观察气球的膨胀情况,可以发现:气球可吹大。

(4)再次将气球吹大,并迅速按住小孔,观察气球的膨胀情况，可以发现：鼓起来的气球在停止吹气后并不会瘪。

（5）间断地按住小孔，观察气球的膨胀情况，可以发现：气球也跟着间断地排气变瘪。

温馨提醒：谨防电烙铁烫伤手指。

原理解释：将气球套在瓶口并按住小孔，相当于封闭了矿泉水瓶。吹气时，瓶中气体排不出，气球受到瓶内气体压力，故气球无法被吹大。而不按住小孔，向气球内吹气时，鼓起的气球将瓶内的气体排出，故气球可以被吹大。此时，停止吹气，同时按住小孔，瓶内气压低于瓶外气压，在大气压的作用下，瓶内的气球不会变瘪。最后，断断续续地按住小孔，气球慢慢地排气变瘪，也是同样的道理。

71 蜡烛提水

你需要准备：盘子1个、蜡烛1根、玻璃瓶1个（口径比蜡烛直径大）、点火器1把、美工刀1把、茶水若干。

动一动手：

（1）往盘子里倒入适量的茶水，利用美工刀截取一段长度小于玻璃瓶长度的蜡烛，并将蜡烛放在盘子中央。

（2）点燃蜡烛，并用玻璃瓶罩住蜡烛。

（3）稍等片刻，观察蜡烛和水的变化情况，可以发现：蜡烛熄灭，盘子里的水被吸到瓶子里去（图71-1）。

图 71-1

温馨提醒：注意用火安全。

原理解释：蜡烛燃烧需要氧气，玻璃瓶里的氧气被消耗完后，蜡烛便熄灭，且瓶内气体总量减少。加上蜡烛熄灭后，瓶内温度逐渐降低，瓶内空气冷却收缩，使得瓶内气压降低，瓶外气压比瓶内气压高。因此，在大气压强的作用下，瓶内水位渐渐上升。

72　简易水龙头

你需要准备：矿泉水瓶 1 个、电烙铁 1 把、水盆 1 个、水杯 1 个、水若干。

动一动手：

（1）利用电烙铁在矿泉水瓶的瓶身处（靠近底部）开一个小孔（图 72-1）。

图　72-1

（2）拧开盖子，将整个矿泉水瓶放入装有水的水盆里，利用杯子将矿泉水瓶加满水，并拧紧盖子，观察小孔处的水流情况，可以发现：水流不出来。

（3）拧开盖子，再次观察小孔处的水流情况，可以发现：水从小孔喷出来。

温馨提醒：谨防电烙铁烫伤手指。

原理解释：将装满水的矿泉水瓶瓶盖拧紧，空气无法从瓶口进入瓶内，此时作用于小孔的大气压强大于水柱压强，故大气把小孔"堵住"，水自然就流不出来。而拧开瓶盖后，空气从瓶口进入瓶内，瓶内气体与外部大气相通，瓶子内外不存在气压差，所以水在液体压强的作用下便从小孔流出来了。

73 谁撑起了水柱

你需要准备：水盆 1 个、矿泉水瓶 1 个、水杯 1 个、水若干、茶水若干。

动一动手：

（1）往矿泉水瓶内加入茶水，并拧紧瓶盖，注意尽量将瓶子装满茶水。

（2）往水盆中加入适量的水。

（3）把瓶子倒置，竖直地放入水中，注意确保整个瓶盖在水盆的水面下。

（4）在水面下拧开瓶盖，观察瓶内茶水的情况，可以发现：瓶内的水柱不会下降（图 73-1）。

图 73-1

　　原理解释：将矿泉水瓶倒扣在水盆中，瓶外水盆中的液面与空气接触，受到大气压的作用。而瓶内上方有少量空气，封闭空气会产生压强，该部分气体压强和茶水部分的液体压强共同作用，与外界大气压平衡。因此，在大气压的作用下，瓶内的水柱会保持一定的高度，不会下降。

74 直观的水压

你需要准备：矿泉水瓶 1 个、电烙铁 1 把、水杯 1 个、水盆 1 个、胶纸 1 卷、茶水若干。

动一动手：

（1）利用电烙铁在矿泉水瓶瓶身开 2 个小孔，注意小孔的间隔 3 厘米左右且在同一竖直线上。

（2）利用胶纸将 2 个孔密封粘好，并往杯中加入茶水（图 74-1）。

图　74-1

（3）把矿泉水瓶竖直拿起，撕掉胶纸，观察小孔处水流的情况，可以发现：出现两股水流，且水流的射程不同。

温馨提醒：谨防电烙铁烫伤手指。

原理解释：因为瓶内液体对各个方向都有压强，所以会有水流出。同时，液体内部压强具有这样的特点：同种液体，深度越深，压强越大。因此，上孔的水流比下孔的水流射程要短。

75 液体乾坤魔移

你需要准备：矿泉水瓶1个、美工刀1把、吸管1根、电烙铁1把、剪刀1把、热熔胶枪1把、胶条若干。

动一动手：

（1）利用美工刀将矿泉水瓶截成两段，一段为瓶底部分，一段为瓶口部分，注意瓶底部分高度约为整个瓶子的2/3。

（2）利用电烙铁在瓶盖中央开一个小孔，注意小孔直径略小于吸管的直径。

（3）把吸管插进瓶盖，用热熔胶固定吸管，将瓶盖拧紧（图75-1）。

图 75-1

（4）将瓶口部分倒置放在瓶底部分上，注意将吸管多余部分剪掉，确保吸管下端接近瓶底（图75-2）。

图　75-2

（5）往瓶中加水，注意水面不要高于吸管最高点，观察吸管下端的出水情况，可以发现：水流不出来（图75-3）。

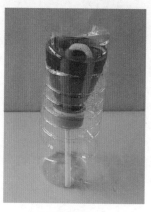

图　75-3

（6）继续往瓶中加水，注意水面要高于吸管最高点，观察吸管下端的出水情况，可以发现：当水面刚过吸管最高点时，水就突然从吸管下端流出来。

（7）稍等片刻，停止加水，观察吸管下端的出水情况，可以发现：当水面低于吸管最下端时，水依然会流出来（图75-4）。

图　75-4

温馨提醒：谨防美工刀、剪刀割伤手指和热熔胶枪烫伤手指。

原理解释：本实验分成三个阶段。第一阶段：往瓶中加水，当瓶中水面持续升高但不超过吸管最高位置时，瓶中右侧吸管内的水面始终与瓶中水面保持平齐。第二阶段：当瓶中水面高于吸管最高位置时，吸管最高点与瓶中水面存在高度差，在压强的作用下，水会从吸管下端流出。第三阶段：当水面高度再次低于吸管最高位置时，

分析吸管的最高点 S（图 75-5）。该点受到向右的压强：$P_1=P_0-\rho gh_1$，受到向左的压强：$P_2=P_0-\rho gh_2$，其中 P_0 为外界大气压，ρ 为液体密度，h_1、h_2 分别为吸管最高点 S 距离上下瓶中水面的高度。显然，$h_1<h_2$，所以 $P_1>P_2$，液体会向右移动。因此，虽然上瓶液面低于吸管最高点，水依然可以往下流。

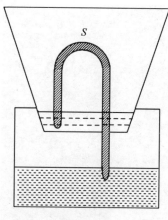

图 75-5

76 吹不走的乒乓球

你需要准备:矿泉水瓶 1 个、乒乓球 1 个、吹风机 1 个、美工刀 1 把。

动一动手:

(1)利用美工刀将矿泉水瓶的底部去掉。

(2)用手竖直拿去底部的矿泉水瓶,将乒乓球放在瓶内,按住乒乓球的底部,使其堵在瓶口。

(3)将吹风机竖直放置在瓶口上方。

(4)打开吹风机,并将乒乓球底部的手松开,观察乒乓球的运动情况,可以发现:乒乓球吹不走(图 76-1)。

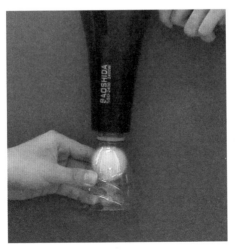

图　76-1

温馨提醒：谨防美工刀割伤手指。

原理解释：气体压强与流速的关系是流速大的地方，压强小。实验中，乒乓球紧贴空矿泉水瓶瓶口。当吹风机向瓶口吹风时，由于乒乓球的遮挡，球上方空气流动的速度比下方大，所以球上方的压强比下方小。因此，乒乓球上下表面的压强差使得乒乓球吹不走。

77　吹风机戏球

你需要准备：吹风机 1 个、乒乓球 1 个。

动一动手：

（1）将吹风机竖直放置，风口朝上。

（2）将乒乓球放在风口处，打开吹风机，观察乒乓球的运动情况，可以发现：乒乓球在风柱上方跳舞（图 77-1）。

图　77-1

原理解释：气体压强与流速的关系是流速大的地方，压强小。竖直的吹风机工作时会产生风柱，当向上的风柱遇到乒乓球时，会对乒乓球产生向上的冲力，这个力可以把较轻的乒乓球顶起。在风柱的中心轴线处流速最大，压强最小；离中心轴线越远，流速越小，压强越大。所以，空中的乒乓球会受到指向中心轴线的压力，使得乒乓球被压在风柱上。因此，乒乓球在自身重力、冲力及指向风柱中心轴线的压力作用下不会掉落。而且，吹风机还可以在空中倾斜"指挥"乒乓球跳舞。

78 纸杯飞起来

你需要准备：吹风机 1 个、纸杯若干个。

动一动手：

（1）将纸杯摞在一起，纸杯口朝上（图 78-1）。

图　78-1

（2）用吹风机往平行于最上方的纸杯口方向吹风，观察纸杯的运动情况，可以发现：最上方的纸杯飞出去了。

（3）慢慢下移吹风机或上移纸杯，注意吹风机继续平行于纸杯口吹风，持续观察纸杯的运动情况，可以发现：纸杯一个接一个自动地飞出去。

温馨提醒：注意用电安全。

原理解释：气体压强与流速的关系是流速大的地方，压强小。打开吹风机前纸杯上下表面空气不流动，上下表面受到的压强大小相等，此时纸杯静止。而当用吹风机往平行于杯口上方吹风时，纸杯上表面空气流速变大，压强变小，小于纸杯下表面受到的压强，使得纸杯上下表面产生压强差，也就有了压力差。因此当纸杯上下表面的压力差大于纸杯自身重力时，纸杯便会"飞"出去。

79　吹不开的乒乓球

你需要准备：铅笔 2 支、纸板 1 块、美工刀 1 把、刻度尺 1 把、双面胶纸 1 卷、乒乓球 2 个、吸管 1 根。

动一动手：

（1）用纸板裁剪 2 块高度适当而且相同的垫高板，并在垫高板表面贴上双面胶纸。

（2）将 2 支铅笔贴紧（宽度约 1 厘米）并排摆放在长条垫高板上，注意确保 2 支铅笔处于水平且平行的状态（图 79-1）。

图　79-1

（3）将 2 个乒乓球放在铅笔上，2 个乒乓球之间相隔 15 厘米左右。

（4）用吸管对着 2 个乒乓球中间位置吹气，观察乒乓球的运动情况，可以发现：2 个乒乓球非但吹不开，反而靠拢了。

温馨提醒：谨防美工刀割伤手指。

原理解释：气体压强与流速的关系是流速大的地方，压强小。实验中，当用吸管向2个乒乓球中间吹气时，乒乓球中间位置空气流速较大，压强较小；而两侧的空气流速较小，压强较大。因此，2个乒乓球中间的压强小于两侧的压强，这样便使得2个乒乓球被"压"到了一起。

80 吹不走的卡纸

你需要准备：卡纸 1 张、吹风机 1 个。

动一动手：

（1）将卡纸直接平放在桌面上，用吹风机吹风，观察卡纸的运动情况，可以发现：卡纸瞬间被吹走。

（2）把卡纸折叠成订书钉的形状（图 80-1）。

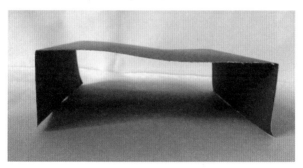

图　80-1

（3）再次对着卡纸的一端吹风，观察卡纸的运动情况，可以发现：卡纸没有被吹走，反而往下压。

温馨提醒：注意用电安全。

原理解释：气体压强与流速的关系是流速大的地方，压强小。对于平铺的卡纸，吹风机在其上方吹风时，使得它上表面的气体流速变大，压强变小；而下表面的大气压强相对较大，上下表面便形成了压强差，也就有了压力差。当压力差大于它的重力时，卡纸便飞走。对于"订书钉"式的卡纸，吹风机在其下方吹风时，使得它下表面的气体流速变大，压强变小；而上表面的大气压强相对较大。因此，大风无法吹走"订书钉"式的卡纸，只会使卡纸中部往下压。

81 纸团往外跑

你需要准备：纸 1 张、玻璃瓶 1 个、吸管 1 根。

动一动手：

（1）将玻璃瓶瓶身平放在桌面上。

（2）把纸揉成纸团放在玻璃瓶瓶口，注意纸团不能堵住瓶口（图 81-1）。

图　81-1

（3）用吸管对着瓶口的纸团快速、短暂地吹气（图 81-2），观察纸团的运动情况，可以发现：纸团往外跑。

图 81-2

原理解释：气体压强与流速的关系是流速大的地方，压强小。在瓶口快速吹气时，瓶外的气体流速变大，压强变小，与瓶内气体压强形成了压强差。压强差使得纸团非但不会被吹进瓶内，反而往瓶外跑。

82 天女散花

你需要准备：纸 1 张、塑料软管 1 根、剪刀 1 把。

动一动手：

（1）利用剪刀将纸剪成纸屑，并把纸屑堆在一起。

（2）将塑料软管竖直放置，其下端与纸屑堆接触（图 82-1）。

图　82-1

（3）来回甩动软管的上端，观察纸屑和软管上端的情况，可以发现：纸屑被压入软管的下端，并从软管的上端飞出。

温馨提醒：谨防剪刀割伤手指。

原理解释：气体压强与流速的关系是流速大的地方，压强小。甩动软管上端时，管内上方空气流速变大，压强变小，而下方压强保持不变，从而导致管内下方气体的压强大于上方压强，纸屑被压到管内的上方，又由于惯性，所以纸屑从管口飞散出来。

83 隔瓶吹蜡烛

你需要准备：蜡烛 1 根、玻璃杯 1 个、点火器 1 把、美工刀 1 把。

动一动手：

（1）截取一段蜡烛，其长度大约为玻璃杯高度的 1/3。

（2）点燃蜡烛，将瓶子放在蜡烛后面约 1.5 厘米处（图 83-1）。

图　83-1

（3）对着瓶子使劲吹气，观察蜡烛的燃烧情况，可以发现：蜡烛熄灭。

温馨提醒：谨防美工刀割伤手指和注意用火安全。

原理解释：气体压强与流速的关系是流速大的地方，压强小。当对着瓶子吹气时，空气会沿着瓶身前进，使得瓶子后面的空气流速变大，压强变小。此时，周边的空气会向瓶后挤压，导致蜡烛熄灭。

84 会带路的水

你需要准备：水盆1个、乒乓球1个、水壶1个、水若干。

动一动手：

（1）往水盆中加入适量的水。

（2）将乒乓球放入水中，观察乒乓球的状态，可以发现：乒乓球漂浮着。

（3）利用水壶往乒乓球正上方倒水，同时观察乒乓球的运动状态，可以发现：乒乓球几乎不动。

（4）利用水壶往乒乓球上方偏向一侧倒水（图84-1），慢慢移动水壶，同时观察乒乓球的运动状态，可以发现：乒乓球跟着水走。

图 84-1

原理解释：液体压强与流速的关系是流速大的地方，压强小。本实验分为两种情况。第一种情况，当水流柱从水中的乒乓球正上方流下时，乒乓球两侧的水流速度一样，所以两侧受到的压强相等，此时乒乓球几乎不动。第二种情况，当水流柱偏向一侧时，该侧的水流速度相对较大，另一侧的水流速度相对较小，流速小的一侧压强大，把乒乓球压向了流速大的一侧。因此，第二种情况可以看到乒乓球追逐着水流柱移动，就像水在带路。

85 浮不起来的乒乓球

你需要准备:矿泉水瓶1个、美工刀1把、乒乓球1个、水杯1个、水盆1个、水若干。

动一动手:

(1)利用美工刀将矿泉水瓶从中间截成两段。

(2)用手竖直拿瓶口的一段,瓶口朝下,并将乒乓球放入瓶内。

(3)往瓶中加水,观察乒乓球的运动情况,可以发现:乒乓球无法上浮(图85-1)。

图 85-1

(4)用手堵住瓶口,再次观察乒乓球的运动情况,可以发现:乒乓球上浮,最后处于漂浮状态(图85-2)。

图 85-2

温馨提醒：谨防美工刀割伤手指。

原理解释：实验中，把乒乓球放在去底的矿泉水瓶中，往里面加水时，由于水通过瓶口向下流走，乒乓球下方没有水，仅在上方有水，这样就使得乒乓球在自身重力和水向下压力的共同作用下沉到瓶口处。而用手堵住瓶口后，乒乓球下方的水慢慢积累，使得乒乓球因受到浮力作用而上浮，最后处于漂浮状态。

86 鸡蛋的沉浮

你需要准备：鸡蛋 1 个、玻璃杯 1 个（口径比鸡蛋大）、筷子 1 根、水若干、食盐若干。

动一动手：

（1）往玻璃杯中倒入适量的水，注意水的体积大于鸡蛋的体积。

（2）将鸡蛋放入杯中，稍等片刻，观察鸡蛋的运动情况，可以发现：鸡蛋沉入杯底（图 86-1）。

图　86-1

（3）往杯中加入适量的食盐，并用筷子充分搅拌，稍等片刻，再次观察鸡蛋的运动情况，可以发现：鸡蛋上浮，最后处于漂浮状态（图 86-2）。

图 86-2

原理解释：水中的鸡蛋受到水的浮力和自身重力的影响，此时的浮力小于重力，故鸡蛋会下沉。而在水中加入食盐并充分搅拌后，液体密度增大，使得鸡蛋受到的浮力变大，因为鸡蛋自身重力不变，所以此时的浮力大于重力。于是，鸡蛋逐渐上浮，最后处于漂浮状态。

水中画

你需要准备：水盆 1 个、玻璃镜 1 个、白板笔 1 支、水若干。

动一动手：

（1）往水盆倒入适量的水。

（2）用白板笔在玻璃镜面上画上图案（图 87-1），并静置 2 分钟让油墨充分凝固。

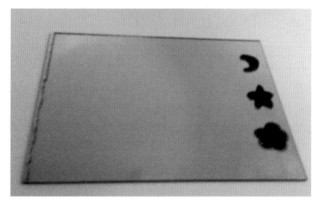

图　87-1

（3）将玻璃镜的图案面朝上，慢慢地斜放入水中，观察图案的变化情况，可以发现：水面上出现水中画（图 87-2）。

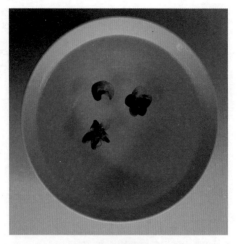

图　87-2

　　原理解释：白板笔的油墨凝固之后会在镜子表面形成一层很薄的黏膜，该油墨黏膜极易与镜子脱离。由于油墨黏膜密度比水小，所以在水中会受到向上的浮力。因此，在浮力的作用下，油墨黏膜最终可以漂浮在水面上，变成美丽的"水中画"。

浮沉娃娃

你需要准备：矿泉水瓶1个、水盆1个、瓶盖1个、口服液瓶1个、水若干。

动一动手：

（1）制作"浮沉娃娃"：往口服液瓶内加入水，注意水位高度约为瓶子高度的1/3（图88-1）。

图 88-1

（2）将空矿泉水瓶加满水。

（3）把"浮沉娃娃"倒扣在矿泉水瓶中，并拧紧矿泉水瓶瓶盖。

（4）用手捏紧矿泉水瓶瓶身，观察"浮沉娃娃"的运动情况，可以发现："浮沉娃娃"下沉。

（5）将手松开，再次观察"浮沉娃娃"的运动情况，可以发现："浮沉娃娃"上浮。

（6）重复步骤（4）和（5），便可实现"浮沉娃娃"的下沉与上浮。

原理解释："浮沉娃娃"由倒置的口服液瓶和它内部的水构成。它瓶内上方有一段空气，其下端与矿泉水瓶内的水相通。用手捏紧矿泉水瓶瓶身时，瓶内的水会进入"浮沉娃娃"，使得"浮沉娃娃"变重，但它受到的浮力不变，此时的重力大于浮力，故"浮沉娃娃"会下沉。当手松开时，"浮沉娃娃"内被压缩的空气将"浮沉娃娃"瓶内的部分水排出，使得"浮沉娃娃"变轻，但它受到的浮力不变，此时的重力小于浮力，故"浮沉娃娃"会上浮。

89 空气有质量吗

你需要准备：木棒 2 根、铁丝 1 根、吸管 1 根、刻度尺 1 把、细针 1 根、剪刀 1 把、完全相同的气球 2 个、透明胶纸 1 卷、双面胶纸 1 卷、打气筒 1 个。

动一动手：

（1）制作支架：将两根木棒平行固定在桌面上，注意保持高度一样，间隔 1.5 厘米左右。

（2）将吸管弯折部分剪掉。

（3）利用刻度尺寻找吸管的中点，并将细针穿过中点。

（4）拔出细针，将铁丝穿过吸管中点，并把铁丝固定在木棒支架上（图 89-1）。

图　89-1

（5）用透明胶纸将两个完全相同的气球固定在吸管两端边缘，注意两端气球到中点的距离相等，以确保吸管水平平衡（图89-2）。

图 89-2

（6）取下右端的气球打气并在气球口打好结。

（7）将气球重新固定在右端的透明胶纸上，观察吸管的平衡情况，可以发现：右端下沉（图89-3）。

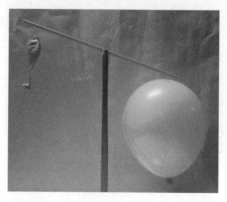

图 89-3

温馨提示：谨防铁丝和细针刺伤手指。

原理解释：本实验利用了杠杆平衡原理。未充气的两个气球质量相等，加上支点在吸管中央，两个气球到支点距离相等，满足杠杆平衡条件，故两个气球能在水平方向平衡。而右端的气球充气后，因为空气有质量，所以右端气球比左端气球重，右端下沉。

90 蜡烛跷跷板

你需要准备：完全相同的玻璃杯2个、蜡烛1根、点火器1把、粗铁丝1根、针1根、刻度尺1把、小刀1把、卡纸1张。

动一动手：

（1）将蜡烛底端削开，漏出棉线烛芯（图90-1）。

图 90-1

（2）将针从蜡烛中间部位穿过，注意借用刻度尺，确保穿过的小洞处于蜡烛的重心位置或附近。

（3）把针拔出，并将铁丝穿过蜡烛中间的小洞（图90-2）。

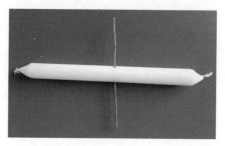

图 90-2

（4）借助铁丝，将蜡烛架在两个玻璃杯之间（图90-3），此时蜡烛应该较为稳定。如果不稳定，可根据实际情况借用小刀削薄蜡烛。

图　90-3

（5）点燃蜡烛较矮一端的棉线烛芯，再点燃蜡烛较高一端的棉线烛芯，稍等片刻，观察蜡烛燃烧及运动的情况，可以发现：蜡烛两边开始滴蜡，且蜡烛就像跷跷板一样，慢慢地上下摆动。

温馨提醒：谨防小刀割伤手指和针刺伤手指，以及注意用火安全。

原理解释：本实验主要利用了杠杆平衡原理。蜡烛点燃后，在火焰的加热下会不断滴下蜡油。假设左边滴蜡油的速度快，那么左边很快就会变轻，于是杠杆便不平衡，较重的右边会下沉。当左边翘上来之后，观察比较蜡烛两边的火焰，蜡烛上端一边的火焰烘烤到的蜡烛范围比在下端一边的小，所以左边滴蜡油的速度会变慢。由于右边滴下的蜡油速度较快，很快右边便变轻，于是右边会翘起来。如此循环，蜡烛就像跷跷板一样，不断地上下运动。

91 隔山打牛

你需要准备：完全相同的刻度尺 2 把、硬币 5 枚。

动一动手：

（1）将两把刻度尺平行摆放，刻度尺间的宽度比硬币直径略大。

（2）拿出 3 枚硬币，一枚摆放在靠外一端，另外两枚摆放在一起且与第 1 枚相隔一段距离（图 91-1），注意观察第 2 枚硬币的位置。

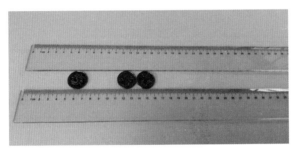

图　91-1

（3）用手指弹出第 1 枚硬币，使其打在第 2 枚硬币上，观察硬币的运动情况，可以发现：第 3 枚硬币飞出去，第 2 枚几乎不动。

（4）放 4 枚硬币在第 1 枚硬币前面，同样另外 4 枚硬币摆放在一起（图 91-2）。

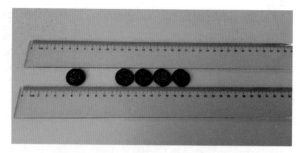

图 91-2

（5）用手指弹出第1枚硬币，使其打在第2枚硬币上，观察硬币的运动情况，可以发现：最后一枚硬币飞出去，其他硬币几乎不动。

原理解释：本实验利用了动量守恒定律和能量守恒原理。实验中使用的硬币质量相等，碰撞后第1枚硬币的能量与动量立即传递到第2枚上，然后静止。接着，第2枚传递到第3枚，然后静止，这样便使得第3枚硬币获得动量与能量后弹出。因此，无论多少枚硬币，都是最后一枚硬币弹出。不过，由于桌面的摩擦力等因素，硬币之间的碰撞并非完全理想的弹性碰撞，还是会有部分能量损失，中间位置的硬币可能会稍作运动再停下来。如果是完全理想的弹性碰撞，碰撞后，最后一枚硬币会获得与第一枚硬币相同的速度。

其他

92 不漏水的袋子

你需要准备：保鲜袋 1 个、铅笔 3 支、卷笔刀 1 把、水若干。

动一动手：

（1）用卷笔刀削好 3 支铅笔。

（2）往保鲜袋加入半袋左右的水，并提起水袋，并注意保持稳定。

（3）将 3 支铅笔依次迅速插入保鲜袋，观察保鲜袋的情况，可以发现：袋子不漏水（图 92-1）。

图 92-1

温馨提醒：谨防铅笔戳伤手指。

原理解释：塑料袋具有弹性，而充满水的塑料袋是紧绷的。当形状规则的铅笔迅速刺穿塑料袋之后，水的压力使得变形的袋壁仍能紧紧包裹住铅笔的外缘，故塑料袋仍能密封不漏。

93 牙签变五角星

你需要准备:牙签 5 根、盘子 1 个、吸管 1 根、水若干。

动一动手:

(1)将牙签从中间位置弯折成 V 形,注意不能把牙签掰断,让牙签弯折处仍然处于连接状态(图 93-1)。

图　93-1

(2)将牙签弯折处摆放聚拢在一起,使得 5 根弯折的牙签整体呈放射状(图 93-2)。

图 93-2

（3）用吸管吸水，并朝该放射状的中心点处滴入适量的水，注意控制好水量，防止破坏已经摆好的造型。稍等片刻，观察牙签发生的变化，可以发现：牙签形成五角星图案（图 93-3）。

图 93-3

温馨提醒：谨防牙签戳伤手指。

原理解释：本实验主要利用了水的表面张力。由于牙签中含有大量的植物纤维，一旦沾水，牙签断裂处的纤维便会吸水膨胀。牙签的弯折处具有重新伸直的倾向，再加上水的表面张力的作用，中心处的牙签会慢慢相互远离。所以，拼合的牙签便慢慢形成五角星形状。

94 自动绽放的花

你需要准备：白纸1张、盘子1个、剪刀1把、水彩笔1盒、水若干。

动一动手：

（1）用水彩笔在白纸上画出3朵颜色各异的花朵（图94-1），并将花朵剪出。

图 94-1

（2）将花瓣向花蕊中间折，得到未开的"花苞"。

（3）往盘子里倒入适量的水，并将3朵"花苞"放在水面上，观察"花苞"的变化情况，可以发现："花苞"开始慢慢绽放（图94-2）。

图 94-2

温馨提醒：谨防剪刀割伤手指。

原理解释：纸张中含有大量的植物纤维。折叠的"花苞"放入水中后，纸张的纤维会吸水膨胀，使得纸张会沿着折痕展开，于是便出现了"花苞"自动绽放的效果。

95 纱布不漏水

你需要准备：玻璃瓶1个、纱布1条、牙签3根、橡皮筋1条、水盆1个、水若干。

动一动手：

（1）将玻璃瓶加满水，并用橡皮筋将纱布封在瓶口（图95-1）。

图　95-1

（2）把瓶子倒置，观察瓶内水的情况，可以发现：纱布"包"住水。

（3）把牙签插入瓶内，或插入部分牙签后再将其拔出，再次观察瓶内水的情况，可以发现：纱布依然可以"包"住水。

温馨提醒：谨防牙签戳伤手指。

原理解释：本实验利用了水的表面张力和大气压强。水的表面张力是水分子相互吸引共同作用的结果，它使得水面具有收缩的趋势。在水的表面张力作用下，纱布上的每个小孔都像覆盖了一层薄薄的"水膜"，而且每个小孔非常小，所以在大气压的作用下，这层"水膜"便可托起瓶内的水。当牙签完全进入水中后，纱布表面会立即形成新的"水膜"。因此，无论插入还是拔出牙签，纱布都可以"包"住水。而且实验中的纱布也可以用纸巾代替。

96 漂浮的回形针

你需要准备:回形针若干个、玻璃杯 1 个、洗手液 1 瓶、水若干。

动一动手 :

（1）往玻璃杯中加入适量的水。

（2）取一个回形针，将其制作成如图 96-1 所示的小工具。

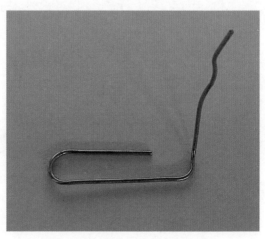

图　96-1

（3）将回形针放在小工具上，然后缓慢地放到水的表面。

（4）慢慢地移出小工具，观察回形针的情况，可以发现 : 回形针漂在水面上（图 96-2 ）。

图　96-2

（5）向水里轻轻滴入一小滴洗手液，观察回形针的变化情况，可以发现：回形针下沉。

原理解释：本实验利用了水的表面张力。回形针不会下沉，是因为水的表面张力。水表面的水分子间的相互作用表现为引力，使得水面好像形成了一层薄膜，这样便可以托住水面的回形针。而加入的洗手液削弱了水分子间的引力，使得水的表面张力降低，故回形针下沉。

97 牙签快艇

你需要准备：水盆1个、牙签1根、肥皂1块、刀子1把、水若干。

动一动手：

（1）往水盆中加入适量的水，并等待其变稳定平静。

（2）用小刀在肥皂上刮下一小块。

（3）将刮下的肥皂固定在牙签的一端，该端作为牙签的尾巴。

（4）将牙签平缓放入水中，尾巴靠近水盆的边缘（图97-1），观察牙签的运动情况，可以发现：牙签会向前运动，就像一艘快艇。

图 97-1

温馨提醒：谨防刀子割伤手指和牙签扎伤手指。

原理解释：将牙签放在水面上，水的表面张力在各个方向上都牵引着牙签。牙签尾巴上的肥皂削弱了其后方的张力，而它前方区域的张力依旧很强，于是牙签就像一艘快艇一样被"牵拉"着前进。

98 吹泡泡

你需要准备：一次性塑料杯1个、铁丝4根、毛衣1件、筷子1根、洗洁精若干、水若干。

动一动手：

（1）用4根铁丝分别拧出"圆形""三角形""正方形"和"蝴蝶形"的小孔（图98-1）。

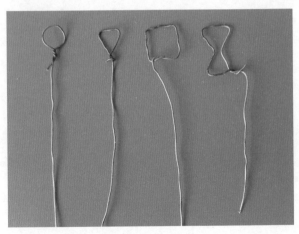

图 98-1

（2）配制吹泡泡溶液：在塑料杯中加入适量的洗洁精和水，用筷子搅拌。

（3）分别用以上4种铁丝蘸取溶液，并对准小孔吹气，观察吹出来的泡泡的形状，可以发现：无论铁丝小孔是什么形状，吹出来的泡泡都是球状的。

温馨提醒：谨防铁丝刺伤手指。

原理解释：本实验利用了液体的表面张力。泡泡是由于液体的表面张力而形成的。液体表面张力是液体分子的相互吸引力的共同作用的结果，使得液面具有收缩的趋势，所以液体表面会尽量收缩到最小的面积，即球状。因此，无论铁丝小孔本身是什么形状，吹出来的泡泡都是球状的。

99 分合的水流

你需要准备：矿泉水瓶 1 个、水杯 1 个、水盆 1 个、电烙铁 1 把、水若干。

动一动手：

（1）利用电烙铁在矿泉水瓶底部开两个小孔，注意小孔的间隔为 0.5 厘米左右且在同一水平面上（图 99-1）。

图 99-1

（2）往瓶中加入水，注意水面高于小孔位置，观察小孔处水流的情况，可以发现：出现两股水流。

（3）用大拇指和食指横向将两股水流捻在一起，再次观察小孔处水流的情况，可以发现：变成一股水流。

（4）用食指竖向抹水流，再次观察小孔处水流的情况，可以发现：又变成两股水流。

温馨提醒：谨防电烙铁烫伤手指。

原理解释：实验中，水流能够分合是因为水的表面张力。当横向擦拭分散的水流时，水的表面张力能缩小水的表面积，使水聚合成一股水流；而当竖向擦拭水流时，则削弱了水的表面张力，故水流又能重新分散。

100 水面也是大力士

你需要准备：玻璃杯1个、水杯1个、卡片1张、硬币2枚、水若干。

动一动手：

（1）往玻璃杯中装满水，注意水面要略高于杯口边沿。

（2）将卡片放在杯口，其一端接触水面，另一端依次轻放两枚硬币，观察卡片及硬币的情况，可以发现：卡片和硬币都能保持静止（图100-1）。

图 100-1

原理解释：盛满水的玻璃杯，当卡片与水面接触时，由于水的表面张力，该侧表现为卡片受到向下的拉力。而卡片另一侧则受到硬币的压力，加上玻璃杯杯壁对卡片的支持力以及卡片自身的重力，使得卡片处于平衡状态。因此，卡片和硬币都能保持静止而不会掉落。

参 考 文 献

[1] 彭前程,杜敏,等.义务教育教科书物理八年级上册 [M].北京：人民教育出版社，2012.

[2] 彭前程,杜敏,等.义务教育教科书物理八年级下册 [M].北京：人民教育出版社，2012.

[3] 彭前程，杜敏，等.义务教育教科书物理九年级全一册 [M].北京：人民教育出版社，2013.

[4] 臧文彧.趣味物理创新实验 [M].杭州：浙江大学出版社,2016.

[5] 科学奶爸.魔力科学小实验,蜡烛竟然在水下燃烧,水火相容背后究竟隐藏怎样的奥秘？ [EB/OL].[2018-01-01].https://mp.weixin.qq.com/s/uNa1bPRtP1JPq_c6pc25AA.

[6] 科学奶爸.魔力科学小实验.相互排斥的磁铁放在漂浮的瓶盖上，你猜会怎样 [EB/OL]. [2018-01-01].https://mp.weixin.qq.com/s/xQEjV443BrNQf6t1TcrRNw.

[7] 科学奶爸.魔力科学小实验,一根铁钉上能放多少根钉子？少说也得十七八根吧 [EB/OL].[2018-01-01].https://mp.weixin.qq.com/s/6dX7U2rUATrC4kH0EMkJAQ.

[8] 韩丽丽.三根火柴棒的力量有多大？[J].阅读，2017:33.

[9] 科学奶爸.魔力科学小实验,镜中花变水中月，白板笔这样作画太好玩了 [EB/OL].[2018-04-01]. https://mp.weixin.qq.com/s/rh6ExRpmX9xroiKvxCsBgw.

[10] 科学奶爸.魔力科学小实验,只需几滴水，就可以让五根弯折的牙签自动变成五角星 [EB/OL].[2018-04-01].https://mp.weixin.qq.com/s/4QwNvA5DHoU-eI8U3cCIwA.

[11] 科学奶爸.魔力科学小实验,纱布蒙在瓶口，装满水后倒转水瓶居然不漏水 [EB/OL].[2018-04-01].https://mp.weixin.qq.com/s/DVtMMUJcMdmYUR9oD6ifSw.